U0342351

# 煤泥过滤脱水药剂的优化及助滤机理

陈茹霞　著

查看彩图

北　京

冶金工业出版社

2023

## 内 容 提 要

本书深入分析了黏土矿物影响煤泥脱水的机制，系统地介绍了不同类型的助滤剂对煤泥过滤脱水效果的影响进而优化设计了新型物理化学复合助滤剂，并从颗粒表面性质、溶液化学特性、药剂与颗粒间的相互作用、滤饼水分赋存状态、煤泥颗粒迁移及滤饼孔隙结构特性等方面揭示了过滤脱水药剂对煤泥的助滤机理。

本书可供矿业及环境、化工等领域的科研及其他生产技术人员阅读，也可供高等院校矿物加工工程、环境科学与工程、化学工程与技术专业的师生参考。

**图书在版编目(CIP)数据**

煤泥过滤脱水药剂的优化及助滤机理/陈茹霞著 . —北京：冶金工业出版社，2023.3

ISBN 978-7-5024-9470-4

Ⅰ.①煤… Ⅱ.①陈… Ⅲ.①煤泥—脱水—浮选药剂 Ⅳ.①TD94

中国国家版本馆 CIP 数据核字(2023)第 063858 号

**煤泥过滤脱水药剂的优化及助滤机理**

| | | | |
|---|---|---|---|
| 出版发行 | 冶金工业出版社 | 电　话 | (010)64027926 |
| 地　址 | 北京市东城区嵩祝院北巷 39 号 | 邮　编 | 100009 |
| 网　址 | www.mip1953.com | 电子信箱 | service@mip1953.com |

责任编辑　王梦梦　美术编辑　吕欣童　版式设计　郑小利
责任校对　梅雨晴　责任印制　窦　唯
三河市双峰印刷装订有限公司印刷
2023 年 3 月第 1 版，2023 年 3 月第 1 次印刷
710mm×1000mm　1/16；11 印张；208 千字；162 页
定价 75.00 元

投稿电话　(010)64027932　投稿信箱　tougao@cnmip.com.cn
营销中心电话　(010)64044283
冶金工业出版社天猫旗舰店　yjgycbs.tmall.com
(本书如有印装质量问题，本社营销中心负责退换)

# 前　言

当前，煤炭仍是我国能源供应的"压舱石"和"稳定器"。新形势下，碳达峰、碳中和目标对煤炭行业的发展提出了新的要求，煤炭清洁高效利用为我国能源转型提供了立足点，而选煤是煤炭实现高效清洁利用的源头。目前我国选煤工艺主要采用湿法选煤，洗选1t原煤通常使用$3\sim3.5m^3$水，大量的水分输入导致分选出来的产品水分严重超标。水分的存在不仅会增加运输成本，污染铁路沿线的环境，而且对后续煤炭的综合利用会产生极大的不利影响。近几年来，煤炭开采力度逐渐加大，且煤质变差、选前破碎严重，入选原煤中细粒级物料含量剧增、煤质体系不稳定，使得选煤厂压滤周期长、滤饼水分高，严重时还会引发滤饼成型困难、无法正常生产等问题。当前，煤泥脱水已经成为选煤行业亟须解决的技术难题。

本书针对煤泥水复杂的非稳定分散体系的脱水问题，以高岭石、蒙脱石为例，介绍了煤中黏土矿物对煤泥固液分离效果的影响规律，分别阐述了不同类型助滤剂对煤泥脱水效果的影响机理，在此基础上，开发设计了一种物理化学复合助滤剂以进一步改善煤泥脱水效果，通过试验并结合模拟的手段，探讨了复合助滤剂与煤泥颗粒间的相互作用机制和固液分离过程中煤泥颗粒的迁移规律及滤饼微观结构。本书可供矿物加工工程、环境科学与工程、化学工程与技术等相关领域的科研人员及其他相关现场生产技术人员阅读。

作者的科研团队一直致力于煤泥脱水的研究工作，本书的内容是课题组的部分研究成果。本书的编撰工作得到了许多前辈和同行的无私帮助与支持，在此特别感谢课题组带头人董宪姝教授、团队骨干姚素玲副教授、孙冬副教授、樊玉萍副教授、马晓敏副教授、冯泽宇讲师、付元鹏讲师，以及课题组薛鸿霏、常明、朱本康、李娜等人为本书所做的贡献，同时感谢冶金工业出版社的大力支持。

由于时间仓促和作者水平所限，书中疏漏之处，敬请读者批评指正。

作　者

2022 年 11 月

# 目　　录

# 1 绪 论

## 1.1 煤泥水固液分离的意义

煤炭是分布最广泛的化石能源，是世界电力的支柱。煤炭被用于炼钢和混凝土制造等工业环节。但在环境保护和能源结构的优化与调整的压力越来越大的背景下，人们日益重视煤炭的清洁和高效利用。选煤是煤炭高效清洁利用的源头，提高原煤入选比例、大力发展高效选煤技术是新时期煤炭工业可持续发展的必然需求。

当前，我国90%以上的煤采用湿法选煤，选煤过程悬浮液的年处理量高达$6×10^9 m^3$，其中聚集了大量微细煤粒（粒度小于$45\mu m$），高岭石、蒙脱石、伊利石等易泥化膨胀黏土矿物和多离子组分，形成了高浓度复杂非稳定分散体系。煤泥水已成为煤炭工业的主要污染源之一，浮选、浓缩及压滤阶段残留的化学药剂及与煤炭伴生的多种金属离子若随水排出，将对水域产生巨大危害，严重污染周边环境。为了实现煤炭的清洁利用，煤泥水固液分离是选煤厂必不可少的过程。有效的煤泥脱水不仅决定了循环水澄清度和煤泥回收率及其他生产环节的生产效率，还对产品质量及后续运输环节影响极大。煤泥中水分含量过高，不仅会增加储存和运输成本、降低热值，严重时还可导致选煤厂停产，将导致巨大的资源浪费。然而，随着煤炭综采技术发展和煤炭开采深度的增加，细粒煤泥、风氧化煤及黏土矿物含量大幅提高，我国原煤煤质向变化复杂、体系不稳定的趋势发展，煤泥脱水问题日益突出，滤饼水分高、脱水周期长、滤饼成型困难、大量煤泥堆积不能及时排出、选煤厂停产等问题频发。当前，煤泥脱水已经成为选煤行业亟须解决的技术难题。

## 1.2 煤泥水性质的研究现状

### 1.2.1 固体颗粒性质及相互作用

煤泥水体系包括水、离子和固体颗粒，同时存在分子分散体系、胶体分散体系和粗分散体系，因此，煤泥水体系是多相多种分散态共存的混合分散体系。煤泥水中的固体颗粒复杂多样，同种矿物颗粒间、不同种矿物的颗粒间的相互作用影响着煤泥水系统的稳定性。煤颗粒是煤泥水中主要悬浮颗粒，煤颗粒之间的相互作用决定了颗粒的分散和凝聚状态，从而在很大程度上决定了煤泥水的沉降性能。煤颗粒之间除范德华作用和静电作用外，还存在疏水吸引能，且疏水吸引能的大小超过了范德华作用和静电作用 3 至 4 个数量级，对煤泥水体系的稳定性起了决定性作用。煤的变质程度不同，炭化和风化不同，决定了煤颗粒表面疏水性和颗粒之间极化作用的差异，由此所形成煤泥水的沉降脱水性能也不同。张明青等人利用扩展的 DLVO 理论计算了长焰煤、气煤和贫瘦煤 3 种不同变质程度的煤颗粒在水中的相互作用能，分析了变质程度对煤泥水沉降性能的影响。结果表明，煤变质程度越高，颗粒之间静电排斥能越小，疏水吸引能越大，所以贫瘦煤颗粒之间最易凝聚，气煤次之，长焰煤最不易凝聚，即煤泥水所含煤颗粒变质程度越高，越易澄清。

除了煤颗粒外，煤泥水难澄清的另一个重要原因是煤泥水体系中存在大量的微细黏土颗粒，最常见的是高岭石、蒙脱石、伊利石和绿泥石，由于这些黏土颗粒表面带有强负电性，且具有较好的亲水性，所以难凝聚。林喆等人发现煤泥样品含有大量黏土类矿物，这些矿物在水中分解为极细的颗粒，使煤泥水系统形成复杂的多分散悬浮体系——高泥化煤泥水，受黏土矿物的影响，煤泥水的浓度越高，沉降速度越慢，压实层密度越小；絮凝剂的表面性质对悬浮颗粒具有选择性，淀粉改性的聚丙烯酰胺对黏土矿物无效，但可以使煤颗粒聚沉形成较为密实的沉淀层，而 PAM-ASG903 可同时聚沉黏土矿物和煤，但压实层密度较小。

Ma 等人的研究表明，高岭石和蒙脱石会导致过滤速度和滤饼孔隙率显著降低，平均比阻和滤饼的水分会大大增加。大多数高岭土存在于滤饼的上层和中层，而大多数蒙脱土存在于滤饼的顶层，在滤饼的中层和底层几乎看不到蒙脱石。蒙脱石比高岭石对煤泥脱水产生更严重的破坏作用。Rong 等人研究了澳大利亚几家选煤厂微细煤泥的固液分离行为，他们发现高岭石比其他灰分矿物对滤饼水分的影响更大。

张明青等人利用扩展的 DLVO 理论计算了两种硬度条件下煤和高岭石组成的煤泥水中颗粒之间的相互作用，建立了包括范德华作用能、静电作用能和界面极化作用能与颗粒间距的势能曲线，并进行了沉降试验。结果表明，当水质硬度为 1.0mmol/L 时，煤颗粒之间、高岭石颗粒之间及煤与高岭石颗粒之间都不凝聚而处于悬浮态；当水质硬度为 10.0mmol/L 时，煤颗粒之间最易凝聚，其次是煤颗粒和高岭石颗粒凝聚，剩余的高岭石颗粒始终不凝聚而分散悬浮于水中。

煤泥颗粒表面荷电产生的静电斥力是微细颗粒难以沉降的一个重要原因。闵凡飞等人采用电泳法研究了 pH 值、搅拌强度、浸泡时间、阳离子浓度与种类对高岭土颗粒表面 Zeta 电位的影响规律及不同矿物之间的相互作用。结果表明，搅拌使高岭土颗粒表面 Zeta 电位增大；Zeta 电位随 pH 值增大和浸泡时间的延长先减小后增大，在 pH 值约为 8 及浸泡 2d 时均达到最小值；不同阳离子改变高岭土颗粒表面 Zeta 电位能力顺序为 $Al^{3+}>Ca^{2+}>Mg^{2+}>Na^{+}$；不同矿物颗粒间因互凝作用会增大颗粒表面的 Zeta 电位；悬浮液中离子在高岭土颗粒表面的吸附及表面 Si—O、Al—O 及 Al—OH 基团的变化是其颗粒表面 Zeta 电位变化的内在原因。

煤泥水中的黏土矿物表面均以亲水性为主，当这些矿物颗粒处于水中时，在其表面附近，水分子有朝表面定向排列的趋势，由于水分子和表面间强烈的吸引作用，在矿粒表面形成有序的边界层。这种现象称作水化作用，形成的边界层称作水化膜。煤泥水中煤泥颗粒表面发生水化作用的内在原因是：（1）原煤在洗选过程中由于破碎、碰撞、摩擦等，原煤中的矿物晶体结构等遭到破坏而在表面形成不同类型的不饱和键，如 Al—O、Si—O 不饱和键等，这些不饱和键在原煤洗选过程中会与水分子发生水化作用；（2）煤泥水中的煤颗粒表面存在—OH、COO—等含氧官能团为亲水基团，在水中其表面也会形成水化膜；（3）煤泥水中的金属阳离子会与水分子形成水合阳离子，水合阳离子与表面荷负电的矿物颗粒表面通过静电吸附作用影响其表面水化；（4）矿物颗粒表面存在的亲水基团，如—AlOH、—SiOH 等会与水分子作用形成水化膜；（5）矿物颗粒表面因晶格取代等在表面暴露的阳离子通过配位键与水分子水化作用，如 $Mg^{2+}$、$Fe^{3+}$、$Al^{3+}$ 等金属阳离子。在水分子与矿物颗粒表面作用方式中，配位键作用最强，静电作用及氢键作用次之，分子键作用最弱。

## 1.2.2 溶液化学性质

从煤泥水水质的角度分析，煤泥水体系中高价金属阳离子的含量也是影响煤泥水沉降性能的重要因素。张志军、刘炯天分析了 4 个典型选煤厂的选煤用水和循环水的水质，建立了原生硬度的数学迭代模型，发现水质硬度小于 5mmol/L 时，水质硬度越高，煤泥沉降速度越快，且上清液越澄清。部分选煤厂实例表明，原生硬度低，则煤泥水难处理；原生硬度高，则煤泥水易处理，说明原生硬度是影响煤泥水沉降性能的关键因素。

高泥化煤泥水难以沉降的根本原因是其中含有大量主要成分为黏土类矿物的微细颗粒，而煤泥水中黏土矿物表面基本上荷负电，这些细微颗粒间相互排斥，难以聚集沉降。为此，在煤泥水处理过程中需要通过添加凝聚剂来压缩煤泥颗粒表面双电层，以促进细微颗粒间相互聚集形成较大颗粒，从而实现高泥化煤泥水的高效处理。而凝聚剂的种类、用量、与絮凝剂的搭配、添加方式及处理工艺等需要根据煤泥水特性进行煤泥水沉降试验。闵凡飞等人分析了凝聚剂在高泥化煤泥水沉降过程中的作用机理。结果表明，单独使用凝聚剂难以满足高泥化煤泥水沉降处理的目的，石膏用量为 400g/m³，与相对分子质量为 1000 万的聚丙烯酰胺 5.6g/m³ 配合使用时，初始沉降速度为 108.0cm/min，上清液透光率为 90.6%，取得较好的沉降效果。添加明矾和无机聚铝铁澄清水硬度小，使用氯化钙和石膏时，矿化度较大，$Mg^{2+}$浓度较高；在 pH = 6.3 左右，$Ca^{2+}$主要通过静电吸附在煤泥微颗粒表面，$Al^{3+}$、$Fe^{3+}$除静电吸附外，还可能存在羟基络合吸附。

# 1.3  煤泥水化学助滤剂的研究现状

面对煤泥水复杂的性质，人们试图运用各种方式来进行固液分离。除了改进脱水设备和优化脱水工艺之外，助滤剂因为其低成本、短周期及效果好的特点得到人们的青睐。近年来，为改善煤泥的脱水性能，国内外学者已经在设计、选择和优化各种助滤剂方面投入了大量的精力。人们对助滤剂的研究主要集中在絮凝剂类助滤剂和表面活性剂类助滤剂。

### 1.3.1  絮凝剂的研究与应用

絮凝剂是长链水溶性聚合物，用于从水性悬浮液中分离出不沉降的细固体（颗粒），如矿物加工、工业和市政废水处理、油砂尾矿脱水、造纸和生物技术。絮凝剂通常包括合成絮凝剂和天然/生物絮凝剂。其中合成絮凝剂在废水处理中的应用十分广泛。合成絮凝剂是通过水溶性单体的聚合制得的，这些水溶性单体是由烃裂解过程的衍生物制得的。合成絮凝剂主要通过自由基溶液或乳液聚合反应制得，从而使平均分子量在数百万范围内的聚合物适合于在低剂量下形成大的聚集体。平均分子量、化学组成和结构（支链或直链）是合成絮凝剂的主要特征。根据单体的不同，可以将合成絮凝剂根据其电荷分类为带正电荷、带负电荷、带中性或在某些情况下带两性电荷。根据其结构，也可以将它们分为线性、分支、超晶格或接枝。但是，人们之所以不会采用此类分类，主要是因为许多合成絮凝剂属于不止一种类别。例如，一种絮凝剂可以是离子性的和支链的，也可以是离子性的并且还包含疏水性共聚单体，该疏水性共聚单体在很大程度上决定了其在特定废水中的性能程度。具有小于 1% 带电官能团的絮凝剂被认为是非离子絮凝剂。非离子絮凝剂通常具有高分子量，这有助于它们通过桥联机制使悬浮颗粒絮凝。聚丙烯酰胺是最重要的水溶性非离子絮凝剂，因为它的单体丙烯酰胺水溶性高，成本效益高且反应性强。尽管由于丙烯酰胺的致癌性和毒性，研究人员试图用其他絮凝剂代替聚丙烯酰胺，但尚未合成出具有相同性能和成本优势的其他替代品。

阳离子絮凝剂通常用于絮凝带负电荷的颗粒，并用于废水和污泥处理、造纸、油性水净化、纺织工业、油漆制造、乳制品加工和生物技术。与非离子单体相比，阳离子单体更难获得而且稳定性不好。甲基丙烯酰氧基乙基三甲基氯化铵（DMC）、丙烯酰氧基乙基三甲基氯化铵（DAC）、二烯丙基二甲基氯化

铵（DADMAC）、［2（丙烯酰氧基）乙基］三甲基氯化铵（AETAC）、丙烯酰胺
丙基三甲基氯化铵（APTAC）是最常见的阳离子单体，曾被用来合成阳离子絮
凝剂。阳离子单体可用于合成阳离子均聚物，也可与非离子单体（尤其是丙烯酰
胺）共聚，以生产具有所需电荷密度的絮凝剂。

阴离子絮凝剂通常在其结构中具有羧酸根或磺酸根离子。它们用于絮凝许多
工业系统中的带正电的颗粒，例如工业废水和污泥脱水。丙烯酸（AA）是一种
常用的阴离子单体，丙烯酰胺和丙烯酸或其碱金属盐之一，可以一起用于合成阴
离子共聚物。甲基丙烯酸（MAA）和 2-丙烯酸酰胺基-2-甲基-1-丙烷磺酸
（AMPS）也可以用作阴离子单体来合成阴离子絮凝剂。如果只是考虑絮凝剂的
电性，对于带负电荷的细颗粒的絮凝而言，阳离子聚合物似乎是不错的选择，但
事实往往并非如此。例如，在矿物系统中，碱性介质中带负电的黏土颗粒的尾矿
会与高分子量阴离子聚丙烯酰胺絮凝。

絮凝剂类助滤剂用于煤泥脱水中，主要是通过增加絮凝颗粒的大小来提高沉
降速度，并通过增加毛细管半径来增强滤饼的渗透率。加入絮凝剂后，由于高分
子絮凝剂在煤泥颗粒间的架桥作用，使小颗粒絮凝成团，增加颗粒的粒径，进而
明显缩短滤饼的形成时间，提高过滤速度，同时可以增大絮团间的孔隙，改善滤
饼的渗透率。

张晋霞等人在处理大屯选煤厂的浮选尾煤水时，发现絮凝剂对微细粒煤泥团
聚效果较好。Ma 等人用丙烯酰胺（AM）和甲基丙烯酰氧基乙基三甲基氯化
铵（DMC）通过低压紫外（UV）引发合成了新型阳离子聚丙烯酰胺（CPAM），
他们分别合成了不同等级的絮凝剂（AM-co-DMC，其 DMC 含量（质量分数）分
别为 10%、20%、30% 和 40%），在对 0.1% 高岭土悬浮液的进行絮凝测试时，发
现具有 40% 阳离子单体的聚合物对高岭石的絮凝聚团作用更加明显。朱书全等人
合成了阳离子改性淀粉高分子絮凝剂，发现该药剂用于煤泥脱水时，可以明显改
善颗粒粒径，由于絮凝剂的絮凝作用明显缩短了压滤周期，降低了滤液的浊度。

然而，煤泥脱水过程通常分为两个阶段，即滤饼的形成阶段和滤饼干燥脱水
阶段。絮凝剂类助滤剂对煤泥脱水的初期有明显的促进作用，即缩短滤饼的形成
时间。但是到了过滤过程的后期，也就是滤饼干燥脱水阶段，不利于水分的排
出，会一定程度上影响滤饼的水分，主要原因是高分子絮凝剂是水溶性的化合
物，具有亲水性，通过架桥作用结合在小的颗粒间，导致滤饼最终水分升高，同
时由于煤泥颗粒粒度往往较细，高分子絮凝剂对细粒煤吸附时，夹带的水分较粗
粒更大。

Tao 等人研究了阴离子和阳离子絮凝剂对煤脱水性能的影响，发现由阴离子
絮凝剂产生的滤饼比由阳离子絮凝剂产生的滤饼具有更高的渗透性和更高的脱水
速率。然而，阳离子絮凝剂产生的滤饼水分低于阴离子絮凝剂。据推测，具有较

高分子量且含有 COO—基团的阴离子型絮凝剂通过分子链之间的静电排斥作用在聚合物链中膨胀，从而形成较大的絮凝剂。此外，大量使用絮凝剂会导致凝胶状悬浮液的形成，由于空间力的作用而阻碍了颗粒的固结。Lu 等人通过常规的自由基聚合反应合成了分子量不同的聚（2-乳酸生物氨基乙基甲基丙烯酰胺）（PLAEMA），分析了分子量和聚合物用量对高岭土颗粒脱水性能的影响，发现施加高剂量的絮凝剂将导致凝胶状悬浮液形成，进而影响脱水效果，同时高分子量的絮凝剂对于提高沉降速度至关重要，但会导致大量的水分被留在滤饼中。为了降低絮凝剂类助滤剂对滤饼水分的影响，Ren 等人对阴离子絮凝剂进行了疏水改性，结果发现，疏水改性后的阴离子絮凝剂产生的絮凝物比未改性的絮凝剂保留的水少。

### 1.3.2 表面活性剂的研究与应用

具有不同结构、电荷密度和分子量的絮凝剂已被用作过滤和脱水助剂，目的是提高固体的回收率和脱水率，但对滤饼水分的增加有不利影响。为了降低煤泥水分，表面活性剂被用于煤泥的脱水中，以减少滤饼的水分含量。

表面活性剂的分子结构包括非极性长链亲油基团和带电的离子或不带电的极性亲水性基团两个部分。由于其分子中既有亲油基又有亲水基，所以又称其为双亲化合物。由于水是应用最广、价格最低的溶剂，通常表面活性剂都是在水中使用，故常把非极性的亲油基团称为疏（憎）水基。亲水基种类包括离子型（阴离子、阳离子、两性离子）和非离子型两大类。离子型表面活性剂的亲水基在水中因电离而带电荷；非离子型表面活性剂的亲水基具有极性和水溶性，但不能在水中解离。常见的亲水基有羧基、硫酸基、磺酸基、磷酸基、膦基、氨基、季胺基、吡啶基、酰胺基、亚砜基、聚氧乙烯基、糖基等，疏水基的结构有多种，如直链、支链、环状等，常见的碳氢链可以是烷烃、烯烃、环烷烃、芳香烃，碳原子数大都在 8~20 个范围内。其他疏水基还有脂肪醇、烷基酚、含氟或硅及其他元素的原子基团等。

表面活性剂类助滤剂改善煤泥脱水的主要原因之一是可以提高颗粒的疏水性。根据 ME·巴尔宾的研究，当水流经未加表面活性剂的毛细管时，由于水分子与亲水表面的相互吸引，导致毛细管表面的一层水是不能流动的，因而在水的内摩擦力的作用下，管中水流纵断面上流速呈抛物线分布，而当毛细管壁被表面活性剂疏水化后，将不存在不动的表层水，水流匀速化，从而使平均流速加快，水头损失降低。在亲水毛细管中的附加毛细力大于疏水毛细管的附加毛细力，因此亲水毛细管中的水较难排出。而且在真空度越低时，这种现象越显著。

Chen 等人详细介绍了在四种季铵盐的作用下高泥化煤浆的沉降特性，结果表明，季铵盐可以增强疏水性，从而引起矿浆细颗粒强烈的疏水性聚集，促进了煤浆的沉降。而且随着烷基链长和试剂用量的增加,季铵盐在泥浆颗粒上的吸附增加,煤泥的沉降效率通过疏水性聚集机制而提高。闵凡飞等人采用长链烷基季铵盐对煤泥进行脱水,发现随着药剂用量和链长的增加,煤泥表面疏水性显著增加,煤泥滤饼水分先减少后增加,当药剂用量为 500g/t 时,效果最好,水分降低 2.25 个百分点以上。Kopparthi 等人研究了表面活性剂用量、搅拌速率和粒径对疏水团聚动力学的影响,结果发现适当的表面活性剂浓度可以显著改善高岭石的疏水性。

但是如果助滤剂添加过量时,滤饼水分反而会升高。对某些助滤剂而言,这种现象特别明显,例如用油酸钠作赤铁矿的助滤剂,这一现象的发生与表面活性剂自身形成的胶团有关。实践表明,助滤剂的适宜添加量一般均已超过其临界胶束浓度 CMC 值。因此,若再增加用量即会使助滤剂自身形成胶团,将原来已吸附于矿粒上的表面活性剂吸裹在胶团中,使矿粒又变为亲水性,滤饼水分又升高。

降低滤液表面张力是表面活性剂类助滤剂改善煤泥脱水的又一重要原因。由杨氏拉普拉斯公式可知,降低表面张力可以有效降低毛细管力,因而能使滤饼中毛细水容易排出,从而降低滤饼水分。此外,如果添加与矿粒表面电性相反的表面活性剂,可以降低其电位,能促使矿粒团聚成较大的颗粒,增大滤饼的孔隙度及渗透性。

### 1.3.3 助滤剂联合使用的研究现状

考虑絮凝剂类助滤剂和表面活性剂类助滤剂对过滤速率和滤饼水分的不同作用,研究它们的组合使用是否可以同时提高过滤速率和减少滤饼水分,是很有意义的。

常晓华等人用聚丙烯酰胺(PAM)、聚合氯化铝(PAC)及表面活性剂十二烷基苯磺酸钠(SDBS)对煤泥进行脱水,发现 SDBS 的助滤性能最佳,当其用量为 500g/t 时,可使滤饼水分由 18.10% 降至 13.08%,PAM 与 SDBS 联合使用的助滤效果明显优于 PAM 与 PAC 组合,用量为 20g/t 的 PAM 与 500g/t 的 SDBS 联合使用时,相比 PAM 单独作用滤饼水分降低 1.87 个百分点,总降水率达到 5.97%。

Ejtemaei 等人分析了表面活性剂与絮凝剂对超细煤泥的协同助滤作用,结果表明,相对于阴离子表面活性剂,阳离子表面活性剂与絮凝剂的助滤作用更加明显,两种化学药剂的联用有效地提高了颗粒沉降速率并减少了滤饼水分,同时将固体回收率提高至 97%。

Hussain 等人的研究发现,添加阳离子聚丙烯酰胺(PAM-C)和表面活性剂之后,尾矿悬浮液的脱水性能得到改善。张英杰的研究结果表明,氯化钙和高分子絮凝剂联用可改善滤饼通透性，增大煤泥恒压过滤常数 $K$，添加微生物絮凝剂，更加突出改善煤泥脱水性能，增大过滤速度；但是添加微生物絮凝剂后煤泥滤饼含水率略有升高。

Besra 等人研究表明，絮凝剂与非离子和阳离子表面活性剂的组合并未显示出表面张力的降低。然而，与阴离子表面活性剂的组合显示出表面张力的轻微降低。与仅添加絮凝剂相比，非离子絮凝剂与非离子和阴离子表面活性剂同时添加时，可以使最终滤饼水分明显降低。但是，离子絮凝剂对煤的亲和力和吸附密度较高，因此可以改善超细煤的脱水性能，应引起更多重视。

上述研究证明了化学助滤剂在促进煤泥脱水方面的有效性。然而，人们对助滤剂的研究主要集中在过滤本身的宏观性能上，很少关注单个颗粒和颗粒形成的滤饼的特性。在过滤的初期，主要是颗粒的过滤沉积阶段，随着过滤的进行，颗粒被收集到过滤介质上逐渐形成滤饼。而滤饼的微观结构受其形成过程中的颗粒和流体-颗粒相互作用的影响。同时，滤饼的过滤速度和截留的滤饼的量由滤饼的结构控制。因此，更好地了解滤饼的形成过程和滤饼结构十分重要。在此基础上，通过改善滤饼结构而进一步优化过滤效果意义非凡。但是，当颗粒粒度细时，化学助滤剂形成的滤饼孔隙仍然较小，在改善滤饼结构方面有一定的局限性。因此，有必要进一步探索其他种类的助滤剂，进而达到更优化的过滤效果。

## 1.4　骨架构建体助滤剂的研究现状

高泥化煤泥水近似胶体系统，胶体颗粒的下限在 1nm 左右，而上限通常被视为在 $1\mu m$，甚至在 $10\mu m$ 处。细煤泥，尤其是其中的黏土颗粒的粒度范围与此吻合，这些粒子的末端重力沉降速度很低，在水中形成稳定的悬浮液，很难与水相分离。通常需要添加化学调节剂，例如絮凝剂、凝聚剂和表面活性剂，以帮助煤泥颗粒在通过常规脱水进行固水分离之前凝聚成较大的颗粒或絮凝物。一些常用的机械脱水过程是离心、真空过滤和压力过滤。

但是，由于煤泥固体具有高度可压缩性，煤泥滤饼在压力作用下发生变形，从而导致滤饼孔隙闭合，进而降低水的流动性。随着压力的增加，滤饼压缩，孔隙率降低，与压力的增加成正比。对于高度可压缩的细煤泥，存在一个临界压力，超过该临界压力时，滤液流速几乎与过滤压力无关，即增加过滤压力对提高过滤速度没有益处。另一方面，聚合物调理煤泥具有很高的压缩性，这意味着在足够长的高压时间内，在达到静态平衡之前，可以形成固体含量很高的滤饼。这是在一定压力下，再也不能除去水的状态。煤泥的脱水率会因过滤介质和滤饼的堵塞而受到阻碍，整个过程的效率受到影响，因此，需要更长的压缩时间或更高的压力才能获得较高的固体含量和更低的滤饼水分。

　　物理调节剂因其在细泥脱水中的作用而通常被称为骨架助滤剂，通常用于降低细泥的可压缩性并在压缩过程中提高细泥固体的机械强度和渗透性，这些物理调节剂可以形成可渗透的更坚硬的晶格结构，可在高压下在机械脱水过程中保持多孔性。为了提高细泥的脱水性，通过增加滤饼的孔隙率并降低滤饼的可压缩性来降低细泥滤饼的比阻。当与低脱水性的细泥混合时，这些物理添加剂通常是惰性的，具有相对较高的孔隙率和刚性结构的固体材料在机械脱水期间可能是有益的。因为这些材料起到了提高细泥固体机械强度的作用，所以也称为骨架构建体。添加骨架构建体前后细泥的压滤情况如图 1-1 所示，添加骨架构建体后的泥饼属于不可压缩泥饼，具有较高的渗透性。

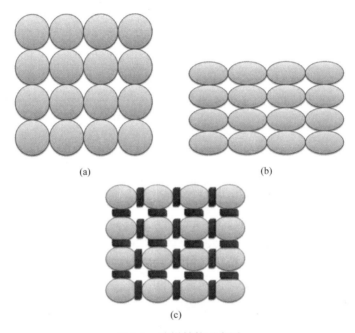

图 1-1　滤饼结构示意图

（a）不可压缩滤饼；（b）可压缩滤饼；（c）骨架构建体改善滤饼

　　作为过滤助剂的物理调节剂大致可分为矿物和碳基材料两大类。矿物包括工业材料和废物，例如粉煤灰，这可能是最常用和研究最多的骨架构建体材料。此外，还有水泥窑粉尘、石灰和石膏。研究的碳基材料包括炭、煤粉、褐煤及含碳废木屑和麦渣、甘蔗渣、稻壳和米糠。矿物和碳基物理调节剂均已被证明能够通过改善细泥固体性质来提高细泥的脱水性。还发现物理调节剂的使用可以减少化学调节剂的使用，从而降低工艺成本，同时仍能达到相同水平的脱水效果。

　　杨斌等人在含水率为 98.5% 的污泥中添加一定的石灰和粉煤灰，实验证明，加入的这些石灰和粉煤灰起到了骨架构建剂的作用，污泥过滤比阻从 $10^9 s^2/g$ 降

低到 $10^7 s^2/g$，污泥的脱水性得到了显著改善。他们还对污泥脱水及脱水后的泥饼的固化体土工性能进行了研究，此研究以原污泥为研究对象，目的是探讨粉煤灰和石灰等无机复合调理剂的骨架构建作用。通过测定脱水后污泥的过滤比阻和脱水形成的滤饼土工性能，取得了不错的成果，验证了该方案的可行性。

Lee 等人观察发现，用作物理调节剂的牡蛎壳颗粒可以缓冲污泥的 pH 值。牡蛎壳颗粒富含碳酸盐，可以为 pH 值提供碱性缓冲液。加入明矾作为凝聚剂后，pH 值从 4 降低到 3.23，但用牡蛎壳颗粒处理后，pH 值增加到接近 6，并随着剂量的增加而进一步增加。鱿鱼（海洋物种）的内部骨骼颗粒具有相似的作用。由于明矾在凝结过程中需要碱度才能产生不溶性氢氧化物凝胶状絮凝物，因此通过添加牡蛎壳来增加碱度应有助于污泥的进一步凝结，特别是当原始污泥最初为酸性时。物理调节剂的添加还增加了碱度，有助于进一步凝结，同时起骨架助剂的作用。

杨艳坤等人采用竹粉作为骨架构建体替代石灰，以阳离子型聚丙烯酰胺和 $FeCl_3$ 为协同化学药剂调理污泥。研究发现竹粉主要发挥骨架构建体作用，在 30% 的最佳投加量条件下，可使污泥的压缩系数降低 24.6%，相比石灰调理，泥饼的有机物含量从 44.9% 提高到 65.6%，适宜污泥焚烧处置；竹粉协同化学药剂调理污泥时，污泥比阻、毛细吸水时间和泥饼含水率均明显降低。基于中试结果和运行成本分析，认为竹粉作为骨架构建体调理污泥的可行性较高。

有时骨架构建体不一定要专门添加异物作为物理调节剂来帮助细泥脱水。无机化学调节剂被发现在细泥脱水过程中起骨架助剂的作用。Deneux-Mustin 等人用透射电镜研究了三氯化铁和石灰在亚微米尺度下对细泥的调理机理。结果表明，两种改性剂均能在絮体表面形成晶团。沉淀在絮体周围形成一个刚性结构，在机械脱水后，有助于通过滤饼传递施加的应力。沉淀物的多孔结构也可用作排水介质。显然，这些沉淀物在脱水过程中的作用类似于骨架构建体。事实上，这可能是无机化学调节剂处理的细泥通常不易压缩和更容易脱水的主要原因。

Chen 等人将有机两性离子调节剂与无机调节剂氯化铝（$AlCl_3$）结合使用，发现与聚合物相比，该组合物能够实现更好的脱水性和除磷效果。虽然 $AlCl_3$ 不是物理调节剂，然而当其进入水中时，羟基铝不仅可以通过静电相互作用与污泥颗粒反应而形成初级絮凝物，同时可以与可溶性磷形成沉淀物如磷酸铝。大量的磷酸铝沉淀物可以充当骨架助滤剂，有利于污泥的处理和脱水。

综上所述，物理调节剂不仅可以通过向污泥固体中添加刚性结构来降低污泥的可压缩性，而且可以通过增加固体孔隙率来为水提供通道，同时，物理调节剂通常是废料或廉价的过程副产品，尽管在研究助滤剂应用的文献中缺少有关经济评估的详细信息，但这对于开发具有成本效益的脱水方法是理想的。

# 1.5 煤泥滤饼结构的研究现状

随着固液分离技术的不断进步，过滤逐渐成为最常用的脱水方法，该方法的过滤介质通常为多孔材料。在煤泥水处理中，煤泥脱水至关重要，随着过滤过程的进行，煤泥颗粒逐渐沉积形成滤饼，不同的煤泥性质、煤浆性质、药剂条件等均会带来不同结构的滤饼，同时，过滤过程中滤饼结构的实时变化也会影响着过滤效果的好坏，即过滤效果与滤饼结构二者既相辅相成，又互相制约，使得煤泥脱水的问题更加复杂化。因而研究滤饼结构对突破煤泥脱水这一难题有着重要的理论意义和研究价值。评价滤饼结构的指标有很多种，其中滤饼的孔隙率、孔隙分布规律、滤饼的平均比阻、渗透率等均能反映滤饼的结构性能。目前，大多数学者对于滤饼孔隙率的研究较多，同时，经过大量研究表明，孔隙率是最能体现滤饼过滤性能的参数之一。

赵扬等人利用环境扫描电镜对滤饼切片的结构进行了探索，分析了现有计算孔隙率的不足之处，同时研究了过滤过程及压榨条件下的滤饼结构的变化规律，试验结果发现，过滤结束后继续压榨能使孔隙率进一步减小。石常省等人通过对浮选精煤的滤饼进行研究发现，煤浆浓度对滤饼的结构影响很大，浓度越小，形成的滤饼比阻也越小；另外，研究还发现，煤泥颗粒的粒度也会极大程度地影响滤饼的孔隙率。罗茜等人通过对不同料浆浓度下滤饼的结构研究发现，煤浆的浓度在很大程度上影响着滤饼的渗透率，同时对滤饼的可压缩性进行了深入的分析，结果发现影响过滤介质堵塞的因素很多，滤饼的可压缩性就是其中之一。

滤饼结构的研究属于几何学的范畴，但是形成滤饼的颗粒形状各异、大小不一，且在过滤过程中以随机的方式进行沉积，从而造成滤饼的孔隙形状也多种多样，给滤饼结构的描述及量化过程带来了很大的困难，进而制约着过滤理论的进一步深化研究。20 世纪 70 年代，分形理论的兴起及发展给滤饼形貌的量化带来了希望。

滤饼的形成过程具有很大的随机性，组成滤饼的颗粒不仅形状、大小有所不同，而且沉积方式也各异，导致所形成的滤饼孔隙复杂多变，但其结构具有相当宽的自相似区间，可以用分形理论进行量化。由于滤饼的许多参数均制约着滤饼的结构，所以研究滤饼的分形结构对优化过滤过程有着至关重要的影响。

1985 年，Ensor 和 Mullins 在深层过滤的研究中首次运用了分形理论。1989 年，Kaye 等人研究了滤饼的过滤过程，研究结果发现，滤饼的分形结构可以用 Sierpinski 分形来描述。分形对滤饼结构的描述主要是指滤饼中孔隙的不规则程度，孔隙的不规则程度越高，液体从孔隙中流出的难度就越大，因而降低了煤泥的过滤速度。同时，孔隙的不规则程度越高，滤饼孔隙的内表面积也会增加，最终滤饼的水分也会增加。Sierpinski 模型的提出，使得滤饼内部结构的量化成为可能。徐新阳等人研究发现在气压过滤条件下，滤饼具有一定的可压缩性，而且物料的比表面积对可压缩性的影响很大，滤饼结构受物料粒度及粒度组成影响较大，而滤饼的比阻和渗透率又取决于滤饼结构，其中滤饼结构为一种分形结构。

自 1995 年以来，我国天津大学的很多学者已经开始利用分形理论来研究滤饼的结构。大多数学者研究的过滤方式为十字流过滤，在这种过滤过程中，颗粒受到的作用为剪切力，随着过滤的进行，颗粒逐渐在过滤介质表面堆积，而这种堆积方式是选择性的，其中涉及的过滤机理很难解释。在人们以往的研究中，主要从过滤过程中，颗粒间的质量传递和动量传递来分析过滤理论，但是，针对很大程度上影响过滤效果的滤饼结构的研究甚少。天津大学的学者用分形理论来探究滤饼的内部构造，使得通过滤饼内部结构来解释过滤机理成为可能。

随着科技的发展，显微 CT 设备的扫描分辨率也在不断提升，也有部分学者开始尝试将显微 CT 技术应用到研究滤饼孔隙结构的测试当中，在这方面，美国犹他大学的 C. L. Lin 和 J. D. Miller 团队作出了突出贡献，他们首次将 CT 技术引入滤饼结构的测试当中，为后续的研究者提供了新思路，Li 等人通过高分辨率 X 射线显微分析仪（3D-XRM）分析了石英-高岭石絮体的结构和滤饼的孔隙率。

# 2 黏土矿物对煤泥脱水效果的影响

一般地，具有细泥含量高、灰分高、黏度大、难以处理等特性的煤泥水称为高泥化煤泥水。黏土是煤中所含主要矿物之一，其在水中具有很强的分散性且分散而成的微细颗粒具有特殊的表面性质。煤中常见的黏土类型主要包括高岭石、伊利石、伊蒙混层及蒙脱石等。本节内容将纯煤与高岭土、蒙脱石分别配比来分析黏土矿物对煤泥脱水效果的影响。由于蒙脱石在煤中的含量较少，所以与纯煤的配比也就相对较少。

在去离子水的条件下，对<1.4g/cm³的精煤，煤中高岭土含量为10%、20%、30%，煤中蒙脱石含量为2%、5%、10%的煤浆分别进行真空过滤脱水，并对不同黏土含量下滤饼的过滤特性和孔隙结构特性进行分析。由于加入蒙脱石后，煤浆的过滤速度明显变慢，过滤困难，所以含蒙脱石的煤浆在滤液体积达到50mL时结束过滤，因此后续只对含高岭土的滤饼进行了孔隙结构的分析。除此之外，本章通过一系列表征手段分析了脱水过程中黏土矿物与煤颗粒间的相互作用，探索了黏土矿物对煤泥滤饼水分赋存状态的影响规律，以期更好地揭示黏土矿物对煤泥脱水效果的影响机理。

## 2.1 黏土矿物对煤泥过滤脱水效果的影响

### 2.1.1 过滤特性的变化

由图2-1可知，随着高岭土含量的增加，煤浆的过滤速度越来越慢，滤饼水分逐

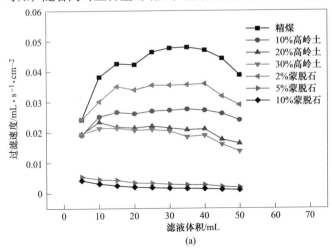

(a)

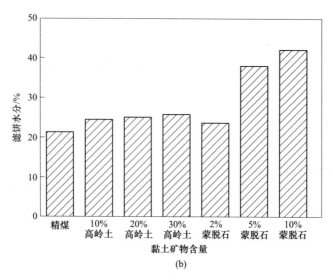

(b)

图 2-1　黏土矿物对煤浆脱水效果的影响

（a）过滤速度；（b）滤饼水分

渐增加。而随着蒙脱石含量的增加，煤浆的过滤速度急剧减小，滤饼水分也迅速增大。说明虽然蒙脱石在煤泥中的含量较少，但是蒙脱石会严重恶化煤泥脱水效果。

### 2.1.2　滤饼特性的影响

由图 2-2 可知，在煤中加入不同量的黏土矿物，过滤系数逐渐减小，特别是加入蒙脱石后，过滤系数急剧降低。

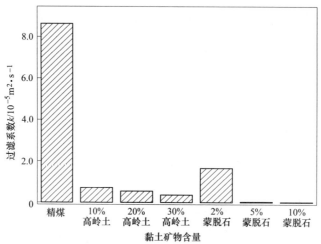

图 2-2　黏土矿物与过滤系数的关系图

由图 2-3 可知，加入不同量高岭土后，滤饼平均质量比阻稍有增大，但变化不明显，然而，加入蒙脱石后，滤饼平均质量比阻迅速变大，结合过滤速度可知，加入蒙脱石后，煤浆的过滤速度急剧减小，说明滤饼的比阻对过滤效果的影响十分显著。

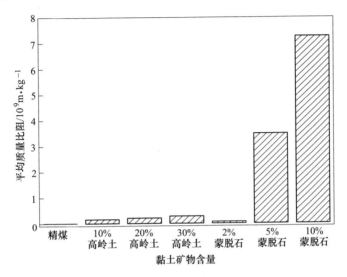

图 2-3　黏土矿物与滤饼平均质量比阻的关系图

## 2.2　黏土矿物对煤泥滤饼结构的影响

由于加入蒙脱石后，煤浆的过滤速度明显变慢，过滤困难，所以含蒙脱石的煤浆在滤液体积达到 50mL 时结束过滤，因此后续只对含高岭土的滤饼进行了孔隙结构的分析，具体的试验结果如下。

### 2.2.1　孔隙率的分析方法

过滤结束后，取出滤饼，待滤饼部分干燥时，将其切片处理并放置空气中自然晾干，之后在显微镜下拍摄，获得显微图像。然后用 Photoshop7.0 软件进行处理，首先将图片进行灰度处理，在灰度处理时根据图像真实情况设定阈值，所有灰度大于或等于阈值的像素被判定为特定物体（孔隙），其灰度值为 255，否则这些像素点被排除在物体区域以外，灰度值为 0，表示另外的物体区域（煤），由此得到黑白二值化图片，最后利用该软件的像素统计功能，求得滤饼的孔隙率。图 2-4（b）即为图 2-4（a）黑白二值化后的图片，其中白色部分为煤，黑色部分为孔隙。

(a)　　　　　　　　　　　　　　　　　(b)

图 2-4　滤饼原图与二值化图片对比

（a）滤饼原图；（b）滤饼二值化图片

## 2.2.2　分形维数的计算方法

Mandelbrot 创立的分形理论为定量描述自然界中复杂和不规则的几何形体提供了一个有效的手段。滤饼作为一种多孔介质，其结构是复杂和不规则的，故滤饼也应具有分形特征，可利用分形理论来定量描述其结构的复杂性。分形维数的计算方法有很多种，其中盒维数是一种较好的计算二维图像分形维数的方法，无论对曲线还是曲线围成的面都适用，另外盒维数简单容易实现，所以被人们广泛采用。盒维数有一系列的等价定义，其中包括网格覆盖法。在对二值图像进行盒维数计算时考虑到已经储存在计算机内的图像是由大小相同的点（像素点）组成，该方法又被称为像素点覆盖法。盒子维实质是"数盒子"算法，即通过划分图像形成网格，统计出网格中包含的盒子数。

对于滤饼孔隙结构的分形描述主要是基于滤饼切片的二值图像，得到滤饼-孔隙的二值图像后，提取其孔隙的轮廓线，当用不同尺度 $r$ 去测量时即可得到如下关系式：

$$L = r^{D_B} N(r) \tag{2-1}$$

式中　$L$——孔隙轮廓线长度；

　　$N(r)$——尺度为 $r$ 时识别为孔隙的正方形网格数（以特征尺度 $r$ 的箱盒覆盖
　　　　　试验区域，如果箱盒中有显色的像素点该箱盒则计入计算）。

则显色的箱盒数 $N(r)$ 与特征尺度 $r$ 有如下关系：

$$N(r) \propto r^{-D_B} \tag{2-2}$$

两边取对数，有

$$\ln N(r) = -D_B \ln(r) + c \tag{2-3}$$

式中，$c$ 为常量。

　　本节采用的是 MATLAB 编程，利用线性回归方法，拟合 $lnN(r)$ 与 $ln(r)$ 的方程，可得系数 $-D_B$，则滤饼的孔隙轮廓线分形维数为 $D_B$。

### 2.2.3 黏土矿物对煤泥滤饼孔隙率及分形维数的影响

　　将不同高岭土含量所得滤饼进行切片并拍照，图像如图 2-5~图 2-8 所示。

(a)　　　　　　　　　　(b)　　　　　　　　　　(c)

图 2-5　不同高岭土含量下煤泥滤饼上表面显微镜图

（a）10%高岭土；（b）20%高岭土；（c）30%高岭土

(a)　　　　　　　　　　(b)　　　　　　　　　　(c)

图 2-6　不同高岭土含量下煤泥滤饼中间显微镜图

（a）10%高岭土；（b）20%高岭土；（c）30%高岭土

(a)　　　　　　　　　　(b)　　　　　　　　　　(c)

图 2-7　不同高岭土含量下煤泥滤饼下层显微镜图

（a）10%高岭土；（b）20%高岭土；（c）30%高岭土

　　由图 2-9 可知，随着煤浆中高岭土含量的增加，滤饼的上、中、下及纵剖面的孔隙率均有所减小，这是由于高岭土的粒度小，细颗粒的高岭土填充到较粗的

图 2-8　不同高岭土含量下煤泥滤饼纵剖面显微镜图

（a）10%高岭土；（b）20%高岭土；（c）30%高岭土

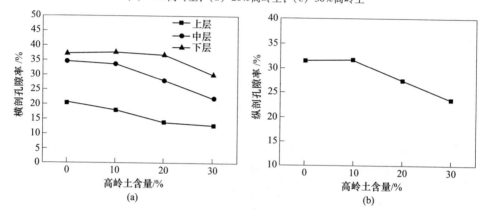

图 2-9　不同高岭土含量下滤饼的孔隙率图

（a）横剖孔隙率；（b）纵剖孔隙率

煤颗粒形成的孔隙中，使得滤饼越来越密实，孔隙率越来越小，进而影响水分的排出，影响过滤速度。高岭土不同含量对煤泥滤饼各层分形维数的影响见表 2-1。

表 2-1　不同高岭土含量下滤饼各层分形维数

| 高岭土含量/% | 分形维数 | | | |
|---|---|---|---|---|
| | 上层 | 中层 | 下层 | 纵剖面 |
| 0 | 1.52 | 1.48 | 1.47 | 1.51 |
| 10 | 1.53 | 1.52 | 1.48 | 1.52 |
| 20 | 1.51 | 1.51 | 1.47 | 1.55 |
| 30 | 1.58 | 1.54 | 1.50 | 1.56 |

由表 2-1 可知，随着煤中高岭土含量的增加，滤饼各层的分形维数都有所增加，这是因为高岭土粒度小，细粒的高岭土填充到大孔隙中，使得原来的孔隙变得不规则，从而使得分形维数变大。分形维数变大使得孔隙的不规则度有所增加，孔隙内表面积增加，水分在孔隙中的残留增多，更不易从滤饼中排出，导致最终滤饼水分增加，过滤速度减慢。

# 2.3 黏土矿物在煤泥脱水过程中的迁移规律

为了更好地分析黏土矿物在滤饼中的迁移规律，将不同黏土含量的滤饼各层化验灰分，具体灰分见表2-2。

表2-2 不同黏土矿物对滤饼各层灰分的影响

| 样品 | 灰分/% | | |
|---|---|---|---|
| | 上层 | 中层 | 下层 |
| 精煤 | 8.73 | 7.75 | 7.98 |
| 10%高岭土 | 27.15 | 14.94 | 9.13 |
| 20%高岭土 | 39.89 | 21.64 | 11.03 |
| 30%高岭土 | 47.61 | 31.05 | 18.08 |
| 2%蒙脱石 | 15.37 | 9.33 | 7.58 |
| 5%蒙脱石 | 27.95 | 11.28 | 7.41 |
| 10%蒙脱石 | 43.13 | 15.72 | 8.16 |

由表2-2可知，精煤各层的灰分相差不多，随着高岭土含量的增加，滤饼各层的灰分均变大，而且从下到上滤饼灰分越来越大，说明高岭土在滤饼上层分布最多，其次是中层，分布最少的是滤饼下层。同时，随着蒙脱石含量的增加，滤饼各层的灰分也变大，虽然从下到上滤饼灰分越来越大，但相比等量的高岭土而言，蒙脱石的添加使得滤饼各层的灰分增加得更多，而且，蒙脱石在滤饼上层的分布较高岭土更多，蒙脱石的加入主要影响上层滤饼的灰分，中下层滤饼的灰分增加不明显，即蒙脱石较高岭土而言在滤饼上层的富集更多。在过滤过程中，由于滤饼上层的孔隙是整个滤饼中最致密的，其严重阻碍液体的排出，是影响过滤效果的主要部分，而高岭土和蒙脱石的粒度微细，它们的富集会很大程度上降低孔隙率，使得滤饼上层的孔隙更加致密，从而导致脱水更加困难。

为了研究黏土矿物的迁移对滤饼各层水分的影响，将滤饼上、中、下层的水分进行测试，结果见表2-3。

表2-3 不同黏土矿物对滤饼各层水分的影响

| 样品 | 水分/% | | |
|---|---|---|---|
| | 上层 | 中层 | 下层 |
| 精煤 | 30.42 | 17.97 | 15.84 |
| 10%高岭土 | 31.26 | 20.76 | 16.53 |

续表 2-3

| 样品名称 | 水分/% | | |
|---|---|---|---|
| | 上层 | 中层 | 下层 |
| 20%高岭土 | 32.09 | 24.85 | 18.19 |
| 30%高岭土 | 31.67 | 26.69 | 20.96 |
| 2%蒙脱石 | 33.66 | 21.26 | 16.24 |
| 5%蒙脱石 | 41.41 | 35.31 | 31.67 |
| 10%蒙脱石 | 45.84 | 40.14 | 35.37 |

由表 2-3 可知，滤饼上层的水分最大，中间的次之，下层的水分最小。随着高岭土含量的增加，滤饼各层的水分都有所增加，但水分的增幅都不大，没有灰分的增幅大，说明高岭土的添加影响灰分更大，对水分的影响较小。而蒙脱石对滤饼水分的影响很大，随着蒙脱石含量的增加，滤饼各层的水分迅速增加，且蒙脱石对滤饼的水分影响大于灰分，这主要是蒙脱石遇水膨胀，本身也吸收水分，体积能增加几倍，并变成糊状物，因而阻碍了液体的排出，增加了滤饼的水分。

## 2.4　黏土矿物与煤颗粒间的相互作用

在混合物的脱水过程中，并不是简单地将两种物质的单独脱水作用相加，两种物质之间的相互作用也将极大地影响整个系统的脱水过程，也就是说，除了高岭石本身对煤浆脱水特性的影响，高岭石与煤的相互作用也会影响煤泥水的过滤效果。为了研究高岭石对煤泥脱水效果的影响机理，本节通过粒度分析、SEM 图像和 Zeta 电位研究了高岭石与煤之间的相互作用，具体分析结果如下。

### 2.4.1　粒度分析

煤、高岭石和混合物的粒度分布如图 2-10 所示。由图 2-10 可知，煤，高岭石和混合物的 $d_{50}$ 分别为 $12\mu m$、$6\mu m$ 和 $18.3\mu m$。粒度分布结果表明，混合物的粒径大于煤或高岭石的粒径，这可能是部分高岭石覆盖在煤表面造成的。Chen 等人发现，在 pH 值为 2.5 时，蒙脱石和萤石的混合物粒径分布变大，从而确定了蒙脱石和萤石之间的异相凝聚现象。由于高岭石是天然的亲水性矿物，它通过在煤表面的罩盖作用增加了煤的亲水性，从而恶化了脱水效果。

### 2.4.2　SEM 分析

为了进一步证实高岭石对煤的罩盖作用，本书对高岭石及混合物进行了 SEM 分析。图 2-11 是高岭石和混合物的代表性微观形貌。图 2-11 中，（a）和（c）是放大 20000 倍的结果，（b）是放大 5000 倍的结果。如图 2-11（a）所示，高岭

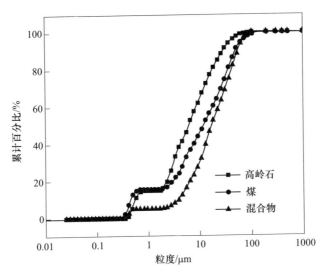

图 2-10　煤、高岭石和煤-高岭石混合物的粒度分布

石主要以片状结构存在。图 2-11（b）显示了煤表面被小颗粒覆盖，表明了细泥罩盖现象。将图 2-11（b）中部分放大 20000 倍后得到图 2-11（c），此时在混合物中可以明显地看出高岭石的片状结构，进一步证明了煤表面存在高岭石的罩盖。

图 2-11　不同放大倍数下的高岭石及混合物的 SEM 图像
（a）高岭石；（b）混合物；（c）放大的混合物

## 2.4.3　黏土矿物与煤的 Zeta 电位分布

徐政和等人发现 Zeta 电位分布是确定颗粒之间相互作用的重要途径。在该方法中，煤、高岭石和混合物的 Zeta 电势分别在相同的物理化学条件下进行。如图 2-12（a）和（b）所示，煤的 Zeta 电位在 −24mV 至 −2mV 的范围内，平均值为 −14mV。而高岭石的 Zeta 电位在 −41mV 至 −15mV 的范围内，平均值为 −30mV。该方法要求两种颗粒的电位值有所差别，在本研究中，煤和高岭石的电

位值满足该方法的要求，因此可以利用 Zeta 电位分布来确定颗粒之间的相互作用。

按照这种方法的原理，如果煤和高岭石不发生异相凝聚，则混合物的 Zeta 电位分布将会出现两个峰，并且这两个峰分别以煤和高岭石各自的 Zeta 电位均值为中心。由图 2-12（c）可知，煤和高岭石混合物的 Zeta 电位分布只出现一个峰，说明当煤和高岭石以 7∶3 的质量比混合时，会产生细泥罩盖现象，因而导致脱水效果变差。实际上，Zeta 电位已广泛用于表征各种矿物之间的相互作用。尽管由于样品本身的差异而导致峰不同，但所有结果均表明，Zeta 电位分布是研究颗粒之间相互作用的有用工具。

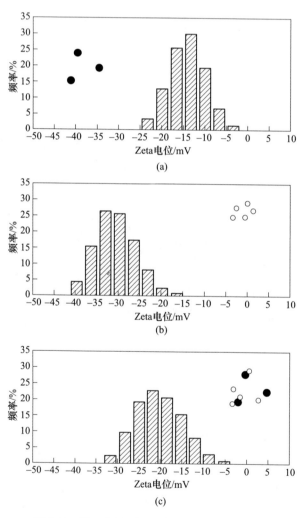

图 2-12　煤、高岭石和混合物的 Zeta 电位分布

（a）煤；（b）高岭石；（c）混合物

通过 Zeta 电位分析、粒度分析和 SEM 分析可知，在煤与高岭石的混合体系中，会发生颗粒间的异相凝聚现象。因此，在研究高岭石对煤泥脱水影响的过程中，不能忽视高岭石与煤之间的相互作用造成的影响。

## 2.5 黏土矿物对煤泥滤饼水分赋存的影响

### 2.5.1 黏土矿物与煤的润湿热差异

煤泥与水分子之间的相互作用对煤泥水过滤过程有很大的影响。由于煤泥表面存在大量的含氧官能团，导致煤泥与水分子之间往往会形成氢键，正是强烈的氢键作用，煤泥遇到水后，煤泥表面的空气会被水分子逐渐驱赶替代，这是一个自发过程，煤泥被液体润湿时会释放出热量，通常用 1g 煤泥被润湿时释放出的热量作为煤的润湿热。本节利用润湿热来反映水分子与煤泥之间的相互作用，由于煤泥中的主要矿物为高岭石，所以在本节接下来的研究中，分别选取精煤和高岭石来作为煤泥的主要代表成分。煤与高岭石的润湿热流线和润湿热值如图 2-13 和图 2-14 所示。

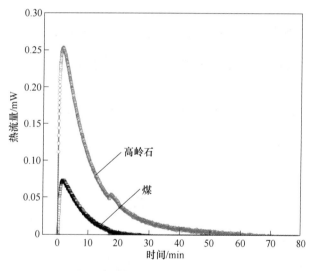

图 2-13 煤和高岭石的润湿热流线

由图 2-14 可知，高岭石的润湿热流线峰值大于煤，表明在润湿过程中，高岭石的放热速率高于煤样。从润湿热值数据来看，煤的润湿热值为 0.389J/g，高岭石的润湿热值为 1.819J/g，几乎是煤的润湿热值的 6 倍，说明高岭石的亲水性远远高于煤样。造成这种现象的主要原因是高岭石的铝氧八面体含有大量的羟基官能团，能与水分子形成厚厚的水化膜。正是高岭石的强亲水性，导致高岭石表面的水分子被牢牢吸附，难以脱除，因而增加滤饼水分。

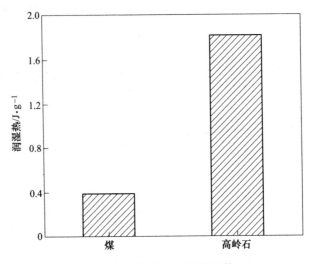

图 2-14　煤和高岭石的润湿热

### 2.5.2　基于核磁技术分析黏土矿物对煤的水分分布的影响

低场核磁共振 $T_2$ 特征图谱是对煤泥滤饼中所有水分子运动性的描述，根据核磁共振原理可知，$T_2$ 的大小反映滤饼中水分子的自由度大小，$T_2$ 值越小，说明水分子的自由度越小，受环境的束缚作用越强，随着 $T_2$ 值的增加，水分子的自由度增加。煤及高岭石的 $T_2$ 曲线如图 2-15 所示。

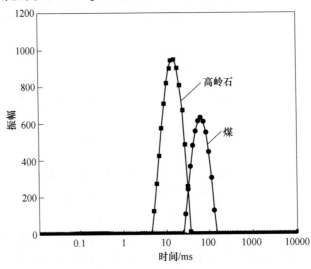

图 2-15　煤和高岭石的 $T_2$ 曲线

　　根据图 2-15 可知，煤和高岭石滤饼中水分 $T_2$ 分布曲线有较大差异，说明水分受束缚程度受矿物种类的影响较大。煤和高岭石滤饼中的水分基本呈单峰分布，但是水分弛豫时间存在明显区别，煤的水分弛豫时间主要分布于 28.48~132.19ms，高岭石的水分主要分布于 5.33~37.64ms。即相对于煤而言，高岭石的弛豫时间峰左移，弛豫时间逐渐减小。根据核磁共振原理可知，弛豫时间的减小意味着水分受束缚程度增大，也意味着水分存在于更小尺寸的孔内。此外，从面积上看高岭石滤饼的 $T_2$ 信号量大于煤样品，说明高岭石的滤饼水分明显升高。核磁结果表明，高岭石形成的滤饼孔隙尺寸更小，滤饼结构更加致密，对水分子的束缚程度更大，不利于水分的脱除。

# 3  不同类型助滤剂对
# 煤泥脱水效果的影响

随着煤矿开采力度加大，煤质变差、选前破碎严重等问题导致入选原煤中细粒级物料含量剧增。在脱水过程中，细粒级的煤泥颗粒由于钻隙作用，会随着滤饼的压缩逐渐堵塞滤饼孔隙，严重抑制水分的排除，给脱水带来很大困难。根据斯托克斯定律，颗粒的沉降速度与粒径有关，超细煤泥的自然沉降和固结通常需要很长时间。絮凝剂用于煤泥脱水中，可通过增加絮凝颗粒的大小来提高脱水速度，并通过增加毛细管半径来提高滤饼的渗透性。研究发现由阴离子絮凝剂生产的滤饼比由阳离子絮凝剂生产的滤饼具有更高的渗透性和更高的脱水速率。高分子量的絮凝剂对于提高脱水速度至关重要，但会导致大量水分截留在滤饼中。

煤泥中往往含有大量的高岭石、石英、蒙脱石、白云石、碳酸钙等矿物质。其中，高岭石在几种矿物中所占含量最多，比例高达 72.1%。目前，由于黏土矿物的存在，煤泥的有效脱水给采矿业和选矿业提出了难以克服的挑战。黏土矿物具有天然的亲水性表面，可以强烈地吸引水分子，从而造成水分的脱除更加复杂化。而且黏土的高电负性增加了煤浆的稳定性并阻碍了颗粒的团聚。因此，黏土（例如高岭石和蒙脱石）的存在，即使作为煤泥中的次要成分，也可能给脱水带来巨大挑战。表面活性剂作为非聚合物两亲性化合物，已被证实可以作为黏土矿物有效的助滤剂。加入表面活性剂后，一方面，表面活性剂可以吸附在气-液界面并改变界面性质，即降低表面张力；另一方面，表面活性剂可以吸附在固-液界面并改变界面性质，也就是改变固体颗粒的润湿性。

然而，化学调节对煤泥脱水有一定的局限性。当煤泥中含有大量微细粒的黏土矿物时，对煤泥脱水的又一不利影响是使得滤饼的渗透率降低，特别是在压缩阶段，颗粒的变形导致滤饼孔隙封闭，进一步阻碍了脱水。因此，需要更长的压缩时间或更高的压力来获得低水分的滤饼，降低了脱水效率。物理调节剂被称为骨架助滤剂或骨架构建体，由于它们可以形成可渗透且更坚硬的晶格结构，同时在机械脱水过程中可保持多孔性，因而在污泥脱水领域得到一定的应用。

基于煤泥粒度细、黏土含量高等特点，本章采用了表面活性剂、聚丙烯酰胺和骨架构建体来助滤煤泥脱水，并分析不同类型助滤剂对煤泥脱水效果及滤饼结构的调控机制。

# 3.1 表面活性剂对煤泥表面性质及滤饼结构的调控

本节采用了两种表面活性剂助滤煤泥脱水，通过一系列过滤指标探索了十八烷基三甲基氯化铵和十二烷基硫酸钠对煤泥过滤效果的影响规律，通过 Zeta 电位、官能团分析考察表面活性剂对煤泥颗粒性质的影响，并基于 Laplace-Young 方程及滤饼孔隙结构分析了其助滤机理。

### 3.1.1 表面活性剂对煤泥过滤脱水效果的影响

由于本节中用到的阴离子表面活性剂使得煤泥水过滤十分缓慢，所以本节中对比两种表面活性剂的助滤效果时，固定了过滤时间为 5min 来进行过滤试验。煤泥水的过滤过程中，随着过滤时间的增加，滤液体积逐渐增多，本节探索了过滤时间随着滤液体积的变化规律，结果如图 3-1 和图 3-2 所示。

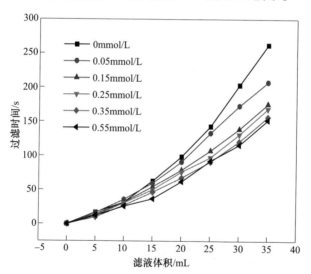

图 3-1 十八烷基三甲基氯化铵 STAC 用量对煤泥水过滤速度的影响

由图 3-1 可知，在未添加药剂时，煤泥水的过滤速度很慢，当滤液体积达到 35mL 时，过滤时间长达 262.4s。十八烷基三甲基氯化铵 STAC 的加入可以提高煤泥水的过滤速度，随着药剂用量的增加，过滤速度逐渐升高。当十八烷基三甲基氯化铵 STAC 的用量为 0.55mmol/L 时，煤泥水的过滤速度达到最大值，即当滤液体积达到 35mL 时，过滤时间仅为 152.0s。说明十八烷基三甲基氯化铵 STAC 有利于煤泥水过滤效率的提高。

由图 3-2 可知，十二烷基硫酸钠 SDS 的加入使得煤泥水的过滤时间增加，并且随着药剂用量的增加，过滤时间逐渐增加，过滤速度逐渐降低。当十二烷基硫

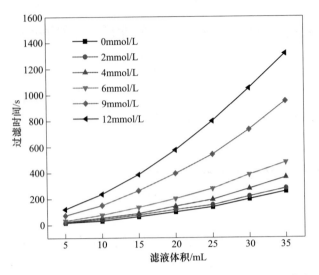

图 3-2　十二烷基硫酸钠 SDS 用量对煤泥水过滤速度的影响

酸钠 SDS 的用量为 12mmol/L 时，煤泥水的过滤速度达到最小值，即当滤液体积达到 35mL 时，过滤时间长达 1314s。说明十二烷基硫酸钠 SDS 不利于煤泥水过滤效率的提高。可能原因是 SDS 与带负电的煤泥颗粒间的静电排斥作用使得煤泥颗粒更加分散，不利于滤饼形成。

　　滤饼水分是评估脱水效果的重要参数，显著影响煤泥的质量。滤饼水分随表面活性剂用量的变化关系如图 3-3 和图 3-4 所示。

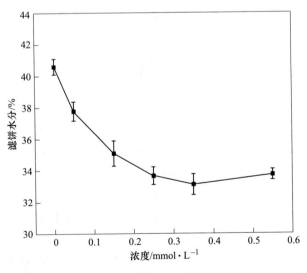

图 3-3　十八烷基三甲基氯化铵 STAC 用量对煤泥滤饼水分的影响

由图 3-3 可知，在 STAC 浓度从 0mmol/L 到 0.35mmol/L 的范围内，滤饼水分从 40.6% 降低到 33.1%，随后在 0.55mmol/L 时略有增加。这是由于随着十八烷基三甲基氯化铵 STAC 浓度的增加，更多的 STAC 亲水基团吸附在颗粒表面上，从而使其疏水端朝向水中，煤泥的疏水性增加。然而，在较高的 STAC 浓度下，由于 STAC 分子间的疏水相互作用可能会发生双层吸附，从而降低了颗粒表面的疏水性，因此，在十八烷基三甲基氯化铵 STAC 浓度为 0.55mmol/L 时，滤饼水分又略有增加。

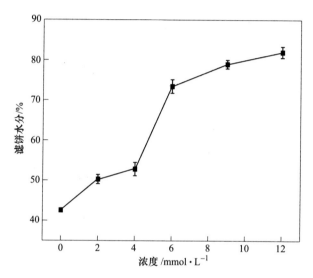

图 3-4　十二烷基硫酸钠 SDS 用量对煤泥滤饼水分的影响

由图 3-4 可知，在十二烷基硫酸钠 SDS 浓度从 0mmol/L 到 12mmol/L 的范围内，滤饼水分从 40.6% 上升到 81.9%。加入阴离子表面活性剂十二烷基硫酸钠 SDS 后，煤泥滤饼水分大幅度上升，这是由于在本章煤泥过滤试验中，采取了固定过滤时间（5min）来观察不同表面活性剂对煤泥的助滤效果，而随着十二烷基硫酸钠 SDS 浓度的增加，煤泥的过滤速度减慢，滤饼形成时间增加，所以在相同的过滤时间下，加入十二烷基硫酸钠 SDS 后，煤泥滤饼的水分升高。

滤饼的平均质量比阻是表征悬浮液过滤可能性的重要参数。图 3-5 和图 3-6 显示了平均质量比阻随表面活性剂浓度的变化。

研究发现表面活性剂浓度对滤饼平均质量比阻的影响是显著的，随着十八烷基三甲基氯化铵 STAC 的浓度从 0mmol/L 增加到 0.55mmol/L，滤饼的平均质量比阻呈现出明显的下降趋势。未添加药剂时，滤饼的平均质量比阻为 $6.28 \times 10^8$ m/kg，当 STAC 浓度为 0.55mmol/L 时，滤饼的平均质量比阻降至 $2.43 \times 10^8$ m/kg。可能的原因是表面活性剂的加入会显著改变颗粒的疏水性，并形成更多的疏水性孔表面，从而使过滤性能更好。

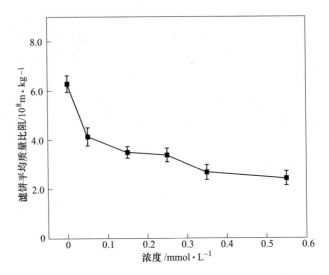

图 3-5   十八烷基三甲基氯化铵 STAC 用量对煤泥滤饼平均质量比阻的影响

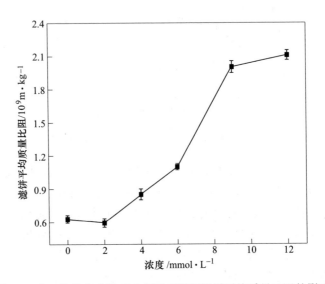

图 3-6   十二烷基硫酸钠 SDS 用量对煤泥滤饼平均质量比阻的影响

由图 3-6 可知，随着十二烷基硫酸钠 SDS 的浓度从 0mmol/L 增加到 12mmol/L，滤饼的平均质量比阻呈现出明显的上升趋势。未添加药剂时，滤饼的平均质量比阻为 $6.28 \times 10^8$ m/kg，当十二烷基硫酸钠 SDS 浓度为 12mmol/L 时，滤饼的平均质量比阻上升至 $2.10 \times 10^9$ m/kg。可能的原因是阴离子表面活性剂 SDS 因在水溶液中具有带负电的磺酸根亲水基团，与荷负电的煤泥表面产生静电排斥作用，阻碍了颗粒的过滤沉积，增加了过滤阻力。这一结果与煤泥水过滤速度结果一致。

### 3.1.2 煤泥颗粒表面电位的变化规律

由于本节用的表面活性剂为离子型表面活性剂，所以加入药剂后，会对颗粒表面的电位产生影响。煤泥悬浮液的 Zeta 电位随两种表面活性剂浓度的变化如图 3-7 和图 3-8 所示。

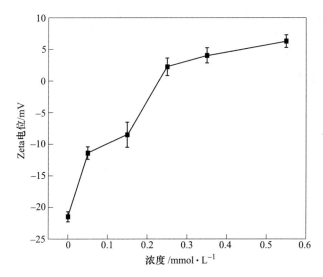

图 3-7 十八烷基三甲基氯化铵 STAC 用量对煤泥颗粒电位的影响

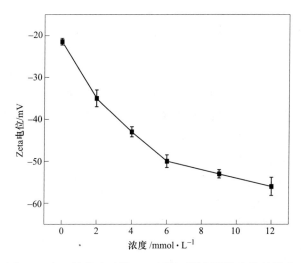

图 3-8 十二烷基硫酸钠 SDS 用量对煤泥颗粒电位的影响

研究发现，随着十八烷基三甲基氯化铵 STAC 浓度的增加，煤泥颗粒的 Zeta 电位从负变为正，这意味着发生了各种类型的吸附。开始时，煤泥的 Zeta 电位从负变为零。这种现象可能归因于十八烷基三甲基氯化铵 STAC 的正电荷，它中和了煤和高岭石表面的负电荷。随着十八烷基三甲基氯化铵 STAC 浓度的进一步增加，颗粒的电荷变为正电荷，这可能是颗粒表面上的双层吸附所致。

由图 3-8 可知，随着十二烷基硫酸钠 SDS 浓度的增加，煤泥颗粒的 Zeta 电位向负方向发展。对于含阴离子亲水基团的 SDS 来说，虽然与水中带负电的煤泥会发生静电排斥，吸附量很少，但是十二烷基硫酸钠 SDS 依然会通过两种方式吸附在煤泥颗粒表面：一方面，SDS 分子的亲水头基与煤泥表面的强极性基团通过氢键作用发生吸附，使其疏水碳链远离煤泥表面；另一方面，SDS 的疏水碳链与煤泥表面的疏水性部分通过疏水键合作用吸附，使其亲水头基朝向水溶液。所以，十二烷基硫酸钠 SDS 会与煤泥颗粒发生吸附，进而使煤泥颗粒电负性增强。

### 3.1.3　基于 Laplace-Young 的助滤机理

表面活性剂助滤的机制通常涉及气液表面张力和固液接触角，用 Laplace-Young 方程表示：

$$\Delta P = \frac{2\gamma\cos\theta}{r} \tag{3-1}$$

式中　$\Delta P$——压差；

$\gamma$——滤液的液/固表面张力；

$\theta$——样品的固/液接触角；

$r$——颗粒间的毛细半径。

滤液的表面张力和样品的接触角对毛细水的去除起着重要的作用，这在整个脱水过程中都是非常重要的。当 $r$ 为常数时，$\gamma$ 和 $\theta$ 越小，$\Delta P$ 越低，因而有助于滤饼水分的排出。

图 3-9 表示十八烷基三甲基氯化铵 STAC 溶液和滤液的表面张力与药剂浓度的关系。结果表明，随着药剂浓度的增加，十八烷基三甲基氯化铵 STAC 溶液的表面张力会迅速降低。当药剂浓度达到 0.35mmol/L 时，表面张力不会进一步降低，这是因为当十八烷基三甲基氯化铵 STAC 的浓度高于 CMC 值时，溶液中的活性分子不再随浓度增加而增加，因此，STAC 的 CMC 值约为 0.35mmol/L，这一结果与 Kang 报道的结果相似。

显然，滤液表面张力随十八烷基三甲基氯化铵 STAC 浓度的增加而降低。根据式（3-1），滤液表面张力的下降将减小压差值，有利于水分的排出，进而有利于过滤过程。根据滤液表面张力的轻微下降，可以得出结论，大量的十八烷基三甲基氯化铵 STAC 分子应该吸附在固-液界面，而只有少量的表面活性剂分子存留在气-液界面，因而煤泥颗粒表面的疏水性得到改善，这也是表面活性剂有助于脱水的又一重要原因，这一点将在下面进行讨论。

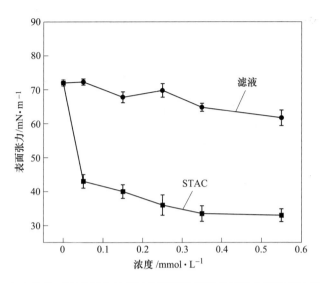

图 3-9 十八烷基三甲基氯化铵 STAC 溶液及滤液表面张力随药剂浓度的变化

润湿性是影响脱水行为的另一个重要参数。十八烷基三甲基氯化铵 STAC 和颗粒之间的相互作用会显著影响其润湿性。在本研究中,通过样品表面的接触角值来说明其润湿性变化。本节中煤泥滤饼与药剂作用前后的接触角通过 HARKE-SPCA(北京 HARKE 测试设备有限公司)进行测量。在测量之前,将 0.5g 样品在 75℃的烘箱中干燥 2h,然后倒入压片机中,在 20MPa 的压力下压 5min。将获得的 10mm 厚的薄片进行接触角测量。25℃下,在样品表面的不同位置处测量 3次,并计算平均值。

图 3-10 为煤泥接触角随着十八烷基三甲基氯化铵 STAC 浓度的变化规律。显然,煤泥接触角随十八烷基三甲基氯化铵 STAC 浓度的增加而增加,意味着颗粒表面的疏水性增加,说明大部分十八烷基三甲基氯化铵 STAC 通过静电作用吸附在煤泥颗粒表面,将带正电的亲水头基朝向带负电的煤泥表面,使得疏水碳链朝向水中。当十八烷基三甲基氯化铵 STAC 的浓度超过 0.35mmol/L 时,随着表面活性剂浓度的进一步增加,接触角略微下降,这可以通过表面活性剂双层的形成来解释,即在煤泥表面形成两层十八烷基三甲基氯化铵 STAC 分子,第二层STAC 分子与已吸附在固体表面的第一层 STAC 分子通过疏水键合作用发生吸附,从而导致第二层 STAC 分子的亲水头基朝外,所以煤泥的疏水性略有变差。

图 3-11 表示十二烷基硫酸钠 SDS 溶液和滤液的表面张力与药剂浓度的关系。随着药剂浓度的增加,十二烷基硫酸钠 SDS 溶液的表面张力会迅速降低。当药剂浓度达到 9mmol/L 时,溶液的表面张力降低为 37.4mN/m,之后继续增加药剂浓度,溶液的表面张力基本达到平衡,据文献报道可知,十二烷基硫酸钠 SDS 的 CMC 值约为 8.2mmol/L,当药剂浓度超过 CMC 值时,溶液的表面张力基本不会

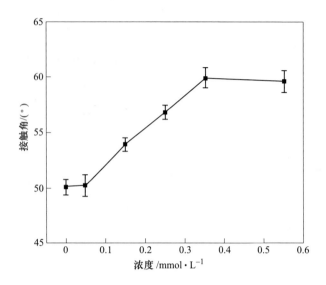

图 3-10  十八烷基三甲基氯化铵 STAC 用量对煤泥颗粒接触角的影响

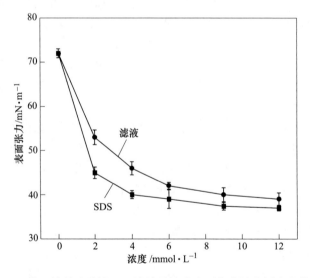

图 3-11  十二烷基硫酸钠 SDS 溶液及滤液表面张力随药剂浓度的变化

随着药剂浓度的增加而变化。与阳离子表面活性剂十八烷基三甲基氯化铵 STAC 相同的是，随着十二烷基硫酸钠 SDS 浓度的增加，滤液的表面张力也显著降低。可能的原因主要有两点：（1）阴离子表面活性剂由于与煤泥颗粒间的静电斥力，所以吸附在煤泥表面的十二烷基硫酸钠 SDS 较阳离子少，留在滤液中的阴离子表面活性剂较多；（2）对于数量相同的煤泥样品而言，阴离子表面活性剂的 CMC 值附近药剂浓度的选择要大于阳离子表面活性剂，同样会带来更多的十二烷基硫酸钠 SDS 分子存留在滤液中，进而降低滤液的表面张力，减小煤泥过滤所需的压差，有助于过滤的进行。

图 3-12 为煤泥接触角随着十二烷基硫酸钠 SDS 浓度的变化规律。显然，煤泥接触角随十二烷基硫酸钠 SDS 浓度的增加而增加，意味着颗粒表面的疏水性增加，说明十二烷基硫酸钠 SDS 分子的亲水头基与煤泥表面的强极性基团通过氢键作用发生吸附，使其疏水碳链远离煤泥表面，从而增加煤泥的疏水性。

基于 Laplace-Young 方程可知，加入阴离子表面活性剂后，滤液表面张力降低，同时煤泥颗粒的接触角增加，有助于煤泥过滤。但是，考虑加入阴离子表面活性剂后，煤泥颗粒的性质分析可知，煤泥表面电负性增强，颗粒间静电斥力增大，导致煤泥颗粒更加分散，严重影响煤泥滤饼的形成速度，最终导致煤泥水过滤速度明显降低。

综合考虑阳离子表面活性剂和阴离子表面活性剂对煤泥的助滤效果，阳离子表面活性剂十八烷基三甲基氯化铵 STAC 不仅可以提高煤泥水过滤速度，同时可以降低滤饼水分，减小滤饼平均质量比阻，显著改善过滤效果。

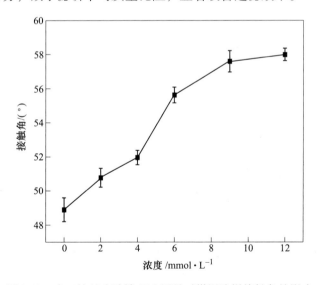

图 3-12　十二烷基硫酸钠 SDS 用量对煤泥滤饼接触角的影响

## 3.1.4　表面活性剂对煤泥颗粒表面官能团的影响

颗粒表面性质，特别是表面上官能团的性质，对于脱水效果至关重要。图 3-13 展示了 FTIR 光谱表示的官能团变化与十八烷基三甲基氯化铵 STAC 浓度之间的关系。根据文献，在 $2850cm^{-1}$ 和 $2920cm^{-1}$ 处观察到的峰是烷基链亚甲基（CH$_2$）的对称和不对称拉伸振动引起的。1465~1340cm$^{-1}$处的峰值归因于烷烃的C—H弯曲振动。由于醇（R—OH）的拉伸振动，在1010cm$^{-1}$和1034cm$^{-1}$处出现了双峰，而在1000~910cm$^{-1}$区域的峰代表了烷基三甲基官能团$^{\vee}$C—N的拉伸振动。随着表面活性剂浓度的增加，在1438cm$^{-1}$和1382cm$^{-1}$处的峰强度逐渐增加，这表明表面活性剂在颗粒表面上的吸附量增加。当十八烷基三甲基氯化铵STAC浓度达到0.55mmol/L时，911cm$^{-1}$处峰强度的突然增加意味着吸附能力快速增加，这可能是多层吸附所致，（R—OH）基团的减少使煤泥在STAC的CMC值以下更具疏水性。

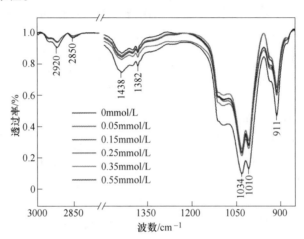

图3-13　滤饼的FTIR光谱及其相应的STAC浓度

### 3.1.5　表面活性剂对煤泥滤饼孔隙结构的调控

本节将分析加入表面活性剂后，煤泥滤饼结构的变化规律，对滤饼孔隙率的测试方法是将过滤完的滤饼沿滤饼厚度方向依次切片，得到上表面、中间层和下层，然后经过显微镜拍照后，利用图像处理软件计算其孔隙率，具体的方法在之前的研究中已经详细阐述过。图3-14为煤泥滤饼孔隙率随十八烷基三甲基氯化铵STAC浓度的变化规律。

由图3-14可知，加入十八烷基三甲基氯化铵STAC后，煤泥滤饼各层的孔隙率均明显增加。未加入药剂时，煤泥滤饼的上表面、中间面、下表面和侧面的孔隙率分别为6.79%、14.36%、17.30%和16.23%。随着STAC用量的增加，煤泥滤饼各层的孔隙率逐渐增加，当STAC的浓度为0.35mmol/L时，各层的孔隙率达到最大值，滤饼上表面的孔隙率为18.35%，比原样增加了11.56个百分点，滤饼中间面的孔隙率升高为29.36%，比原样增加了15.00个百分点，滤饼下表面和侧面的孔隙率也分别增加了17.74个百分点和15.56个百分点，孔隙率的变化结果与过滤速度及滤饼平均质量比阻结果一致。STAC对煤泥滤饼孔隙率的改

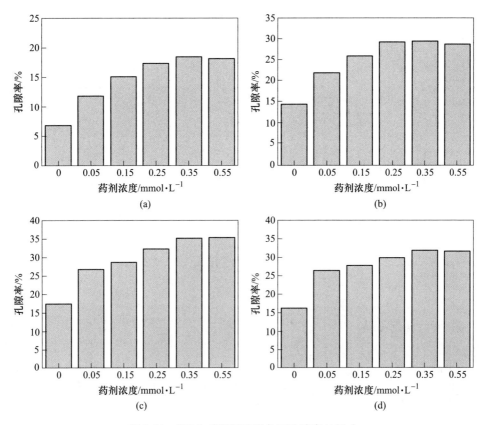

图 3-14　STAC 对煤泥滤饼各层孔隙率的影响

（a）滤饼上表面；（b）滤饼中间面；（c）滤饼下表面；（d）滤饼侧面

善归因于其对煤泥颗粒的疏水团聚作用，增加颗粒的粒度，进而提高了滤饼孔隙率，改善了过滤效果。

图 3-15 为煤泥滤饼孔隙率随十二烷基硫酸钠 SDS 浓度的变化规律。由图 3-15 可知，加入 SDS 后，煤泥滤饼各层的孔隙率均明显增加。随着 SDS 用量的增加，煤泥滤饼各层的孔隙率逐渐增加，当 SDS 的浓度为 9mmol/L 时，各层的孔隙率达到最大值，滤饼上表面的孔隙率为 17.34%，比原样增加了 10.55 个百分点，滤饼中间面的孔隙率升高为 25.37%，比原样增加了 11.01 个百分点，滤饼下表面和侧面的孔隙率也分别增加了 12.24 个百分点和 12.36 个百分点，孔隙率的变化结果与过滤速度及滤饼平均质量比阻结果一致。SDS 对煤泥滤饼孔隙率的改善同样归因于其对煤泥颗粒的疏水团聚作用，增加颗粒的粒度，进而提高了滤饼孔隙率，改善了过滤效果，但是相比于 STAC 而言，效果稍微差一些，这可能的原因是 SDS 表面的负电荷使得煤泥颗粒的聚集效果不如 STAC，影响颗粒的粒度，进一步影响滤饼孔隙率。

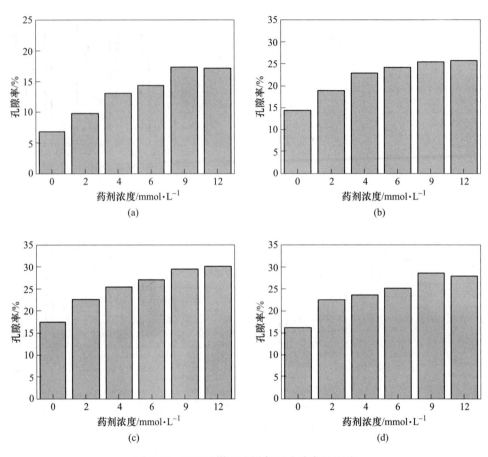

图 3-15　SDS 对煤泥滤饼各层孔隙率的影响

（a）滤饼上表面；（b）滤饼中间面；（c）滤饼下表面；（d）滤饼侧面

## 3.2　聚丙烯酰胺对煤泥絮团性质及滤饼结构的调控

本节采用的三种聚丙烯酰胺分别为阴离子聚丙烯酰胺 5250、非离子聚丙烯酰胺 333 和阴离子聚丙烯酰胺 300，具体的药剂信息见表 3-1。本节分析了聚丙烯酰胺离子特性及分子量对煤泥的絮凝脱水效果，通过调节溶液 pH 值，探索了酸碱度对聚丙烯酰胺絮凝特性的影响。通过 FBRM 实时在线原位监测分析技术对煤泥颗粒的絮团状态进行连续监测，分析了絮团尺寸和分布情况。最后，利用试验手段分析了聚丙烯酰胺类助滤剂对煤泥滤饼结构的影响，以期更好地解释聚丙烯酰胺对煤泥的助滤机理。

表 3-1 主要聚丙烯酰胺药剂

| 试剂名称 | 离子类型 | 分子量 | 化学式 |
|---|---|---|---|
| Magnafloc333 | 非离子 | 非常高 | $\left[\begin{array}{cc} H_2 & H \\ C - C \\ & \mid \\ & C=O \\ & \mid \\ & NH_2 \end{array}\right]_n$ |
| Magnafloc5250 | 阴离子 | 高 | $\left[\begin{array}{cc} H_2 & H \\ C - C \\ & \mid \\ & C=O \\ & \mid \\ & NH_2 \end{array}\right]_n \left[\begin{array}{cc} H_2 & H \\ C - C \\ & \mid \\ & C=O \\ & \mid \\ & O^- Na^+ \end{array}\right]_m$ |
| Magnafloc300 | 阴离子 | 低 | $\left[\begin{array}{cc} H_2 & H \\ C - C \\ & \mid \\ & C=O \\ & \mid \\ & NH_2 \end{array}\right]_n \left[\begin{array}{cc} H_2 & H \\ C - C \\ & \mid \\ & C=O \\ & \mid \\ & O^- Na^+ \end{array}\right]_m$ |

### 3.2.1 聚丙烯酰胺对煤泥沉降过滤效果的影响

#### 3.2.1.1 聚丙烯酰胺对煤泥沉降效果的影响

本节分析了三种聚丙烯酰胺作用下煤泥的沉降效果。在本节中溶液 pH 值均为 7，图 3-16~图 3-18 分别为阴离子聚丙烯酰胺 5250、非离子聚丙烯酰胺 333 和阴离子聚丙烯酰胺 300 不同药剂量对煤泥沉降速度和上清液透射比的影响。

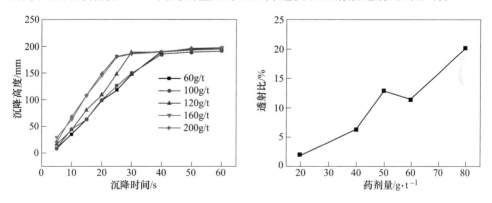

图 3-16 阴离子聚丙烯酰胺 5250 用量对煤泥沉降速度和上清液透射比的影响

由图 3-16 可知，随着阴离子聚丙烯酰胺 5250 药剂量的增加，煤泥颗粒的沉降速度逐渐加快，达到压缩沉降的时间越来越短。当加入 20g/t 阴离子聚丙烯酰胺 5250 时，沉降时间为 30s 时煤泥颗粒的沉降高度为 153mm，当阴离子聚丙烯酰胺 5250 的药剂量增加到 80g/t 时，沉降时间为 30s 时煤泥颗粒的沉降高度上升为 189.9mm。透射比结果表明，随着阴离子聚丙烯酰胺 5250 药剂量的增加，煤泥上清液透射比逐渐增大。当加入 20g/t 阴离子聚丙烯酰胺 5250 时，煤泥上清液透射比为 1.9%，当阴离子聚丙烯酰胺 5250 的药剂量增加到 80g/t 时，煤泥上清液透射比增加为 20.2%。

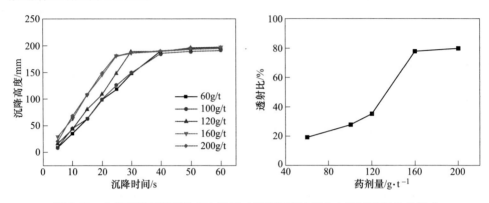

图 3-17 非离子聚丙烯酰胺 333 用量对煤泥沉降速度和上清液透射比的影响

由图 3-17 可知，随着非离子聚丙烯酰胺 333 药剂量的增加，煤泥颗粒的沉降速度逐渐加快，达到压缩沉降的时间越来越短。当加入 60g/t 非离子聚丙烯酰胺 333 时，沉降时间为 30s 时煤泥颗粒的沉降高度为 147.6mm，当非离子聚丙烯酰胺 333 的药剂量增加到 200g/t 时，沉降时间为 30s 时煤泥颗粒的沉降高度上升为 187.2mm。透射比结果表明，随着非离子聚丙烯酰胺 333 药剂量的增加，煤泥上清液透射比逐渐增大。当加入 60g/t 非离子聚丙烯酰胺 333 时，煤泥上清液透射比为 19.2%；当非离子聚丙烯酰胺 333 的药剂量增加到 200g/t 时，煤泥上清液透射比增加为 79.6%。

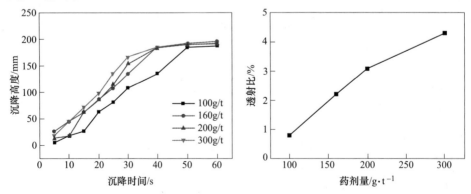

图 3-18 阴离子聚丙烯酰胺 300 用量对煤泥沉降速度和上清液透射比的影响

由图 3-18 可知,随着阴离子聚丙烯酰胺 300 药剂量的增加,煤泥颗粒的沉降速度逐渐加快,达到压缩沉降的时间越来越短。当加入 100g/t 阴离子聚丙烯酰胺 300 时,沉降时间为 30s 时煤泥颗粒的沉降高度为 108mm;当阴离子聚丙烯酰胺 300 的药剂量增加到 300g/t 时,沉降时间为 30s 时煤泥颗粒的沉降高度上升为 166.5mm。透射比结果表明,随着阴离子聚丙烯酰胺 300 药剂量的增加,煤泥上清液透射比逐渐增大。当加入 100g/t 阴离子聚丙烯酰胺 300 时,煤泥上清液透射比为 0.8%;当阴离子聚丙烯酰胺 300 的药剂量增加到 300g/t 时,煤泥上清液透射比增加为 4.3%。

综上所述,阴离子聚丙烯酰胺 5250 更加有利于煤泥的沉降速度,但是其本身带有的负电荷会增加煤泥颗粒表面的电负性,使得煤泥颗粒间的静电斥力增加,颗粒更加分散,因而导致上清液透射比升高不明显。非离子聚丙烯酰胺 333 不仅可以提高煤泥的沉降速度,同时可以显著提高煤泥水的上清液透射比,但是达到相同的煤泥沉降速度,药剂用量高于阴离子聚丙烯酰胺 5250。相比之下,阴离子聚丙烯酰胺 300 对煤泥沉降效果的改善不如前者,不仅需要更高的药剂量来达到相近的煤泥沉降速度,同时对煤泥水上清液透射比的改善效果甚微。这主要是因为阴离子聚丙烯酰胺 300 的分子量远低于前两者,对煤泥的絮凝效果远不如阴离子聚丙烯酰胺 5250 和非离子聚丙烯酰胺 333。

### 3.2.1.2 聚丙烯酰胺对煤泥过滤效果的影响

本节分析了 3 种聚丙烯酰胺作用下煤泥的过滤效果。在本节中溶液 pH 值均为 7,图 3-19~图 3-21 分别为阴离子聚丙烯酰胺 5250、非离子聚丙烯酰胺 333 和阴离子聚丙烯酰胺 300 不同药剂量对煤泥过滤速度和滤饼水分的影响。

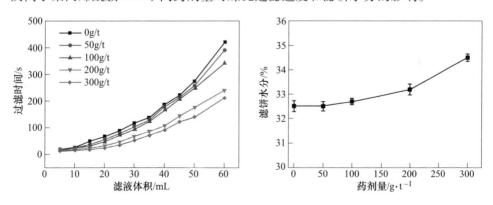

图 3-19 阴离子聚丙烯酰胺 5250 用量对煤泥过滤速度和滤饼水分的影响

由图 3-19 可知,随着阴离子聚丙烯酰胺 5250 药剂量的增加,煤泥水的过滤速度逐渐加快。当未添加药剂时,滤液体积为 60mL 时煤泥水的过滤时间为

420.5s，当阴离子聚丙烯酰胺 5250 的药剂量为 300g/t 时，滤液体积为 60mL 时煤泥水的过滤时间为 210.5s。滤饼水分结果表明，随着阴离子聚丙烯酰胺 5250 药剂量的增加，煤泥滤饼水分逐渐升高。当加入 300g/t 阴离子聚丙烯酰胺 5250 时，煤泥滤饼水分为 34.5%，相比于未添加药剂时滤饼水分 32.5% 而言，滤饼水分升高了 2%。

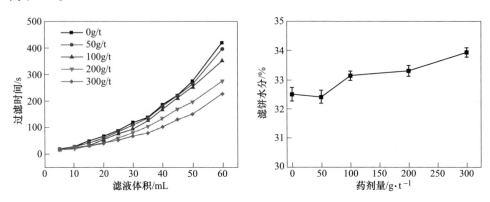

图 3-20　非离子聚丙烯酰胺 333 用量对煤泥过滤速度和滤饼水分的影响

由图 3-20 可知，随着非离子聚丙烯酰胺 333 药剂量的增加，煤泥水的过滤速度逐渐加快。当非离子聚丙烯酰胺 333 的药剂量为 300g/t 时，滤液体积为 60mL 时煤泥水的过滤时间为 227s。滤饼水分结果表明，随着非离子聚丙烯酰胺 333 药剂量的增加，煤泥滤饼水分逐渐升高。当加入 300g/t 非离子聚丙烯酰胺 333 时，煤泥滤饼水分为 33.9%，相比于未添加药剂时滤饼水分 32.5% 而言，滤饼水分升高了 1.4%。

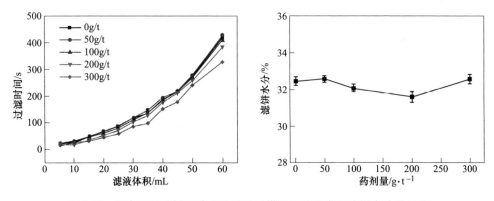

图 3-21　阴离子聚丙烯酰胺 300 用量对煤泥过滤速度和滤饼水分的影响

由图 3-21 可知，随着阴离子聚丙烯酰胺 300 药剂量的增加，煤泥水的过滤速度逐渐加快。当未添加药剂时，滤液体积为 60mL 时煤泥水的过滤时间为

420.5s，当阴离子聚丙烯酰胺 300 的药剂量为 300g/t 时，滤液体积为 60mL 时煤泥水的过滤时间为 330s。滤饼水分结果表明，随着阴离子聚丙烯酰胺 300 药剂量的增加，煤泥滤饼水分先逐渐降低再升高。当加入 200g/t 阴离子聚丙烯酰胺 300 时，煤泥滤饼水分为 31.6%，相比于未添加药剂时滤饼水分 32.5% 而言，滤饼水分降低了 0.9%。

为了分析不同聚丙烯酰胺对煤泥过滤阻力的影响，进一步探索了三种聚丙烯酰胺对煤泥滤饼平均质量比阻的影响，结果如图 3-22~图 3-24 所示。

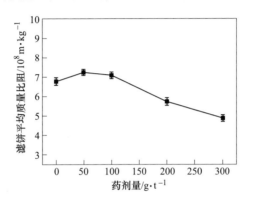

图 3-22　阴离子聚丙烯酰胺 5250 用量对煤泥滤饼平均质量比阻的影响

由图 3-22 可知，随着阴离子聚丙烯酰胺 5250 药剂量的增加，煤泥滤饼平均质量比阻逐渐减小。当未添加药剂时，煤泥滤饼平均质量比阻为 $6.7×10^8$ m/kg，当阴离子聚丙烯酰胺 5250 的药剂量为 300g/t 时，煤泥滤饼平均质量比阻为 $4.9×10^8$ m/kg。说明阴离子聚丙烯酰胺 5250 可以降低煤泥滤饼平均质量比阻，减小过滤过程中的阻力，提高过滤效率，这一结果与过滤速度相一致。

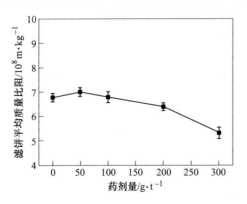

图 3-23　非离子聚丙烯酰胺 333 用量对煤泥滤饼平均质量比阻的影响

由图 3-23 可知，随着非离子聚丙烯酰胺 333 药剂量的增加，煤泥滤饼平均质量比阻逐渐减小。当未添加药剂时，煤泥滤饼平均质量比阻为 $6.7 \times 10^8$ m/kg；当非离子聚丙烯酰胺 333 的药剂量为 300g/t 时，煤泥滤饼平均质量比阻为 $5.3 \times 10^8$ m/kg。说明非离子聚丙烯酰胺 333 可以降低煤泥滤饼平均质量比阻，减小过滤过程中的阻力，提高过滤效率，这一结果与过滤速度相一致。

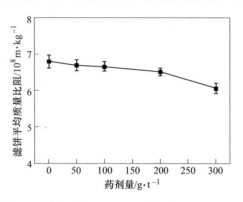

图 3-24　阴离子聚丙烯酰胺 300 用量对煤泥滤饼平均质量比阻的影响

由图 3-24 可知，随着阴离子聚丙烯酰胺 300 药剂量的增加，煤泥滤饼平均质量比阻逐渐减小。当未添加药剂时，煤泥滤饼平均质量比阻为 $6.7 \times 10^8$ m/kg；当阴离子聚丙烯酰胺 300 的药剂量为 300g/t 时，煤泥滤饼平均质量比阻为 $6.1 \times 10^8$ m/kg。说明阴离子聚丙烯酰胺 300 可以降低煤泥滤饼平均质量比阻，减小过滤过程中的阻力，提高过滤效率，这一结果与过滤速度相一致。

综上所述，阴离子聚丙烯酰胺 5250 更加有利于煤泥过滤速度的提高，对滤饼平均质量比阻的降低也更加明显，但是由于形成的絮团尺寸更大，絮团包裹水分现象严重。同样，非离子聚丙烯酰胺 333 可以降低煤泥滤饼平均质量比阻，提高过滤效率，但是也会一定程度上使得滤饼水分升高。

而低相对分子质量的阴离子聚丙烯酰胺 300 虽然在降低过滤速度上效果不如前两者，但是可以在一定程度上降低滤饼水分，对脱水更加有利。这种现象可能的原因是阴离子聚丙烯酰胺 300 相对分子质量小，形成的絮团尺寸小，絮团包裹水分现象不明显，但是由于形成了一定的絮团，增加了颗粒的表观粒度，减小了微细颗粒对滤饼孔隙的堵塞，滤饼结构得到改善，有利于水分的排出。

### 3.2.2　溶液 pH 值对聚丙烯酰胺助滤效果的影响

#### 3.2.2.1　不同 pH 值作用下聚丙烯酰胺对煤泥沉降效果的影响

溶液的 pH 值不同，煤泥的沉降过滤效果有很大差异，同时，由于离子型的聚丙烯酰胺受溶液 pH 值影响更大，所以本节重点分析了不同 pH 值作用下阴离子聚丙烯酰胺对煤泥沉降效果的影响，结果如图 3-25 和图 3-26 所示。在本节所述研究中，除了特殊说明溶液 pH 值外，其余的溶液 pH 值均默认为自然 pH 值环境下。

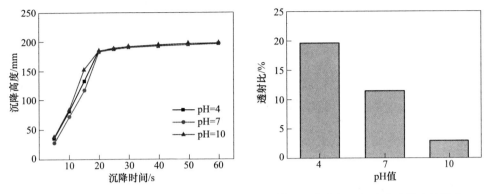

图 3-25 不同 pH 值下阴离子聚丙烯酰胺 5250 对煤泥沉降速度和上清液透射比的影响

由图 3-25 可知，碱性条件下，煤泥的沉降速度最快，其次是酸性条件，中性条件下沉降速度最慢。透射比结果表明，随着 pH 值的升高，煤泥水上清液透射比逐渐降低，当溶液从酸性环境变为碱性环境时，煤泥水上清液透射比从 19.6% 降低到 2.9%，说明碱性条件不利于煤泥水上清液的澄清。

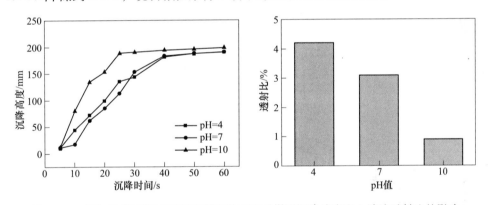

图 3-26 不同 pH 值下阴离子聚丙烯酰胺 300 对煤泥沉降速度和上清液透射比的影响

由图 3-26 可知，与 5250 结果相似，碱性条件下，煤泥的沉降速度最快，其次是酸性条件，中性条件下沉降速度最慢。透射比结果表明，随着 pH 值的升高，煤泥水上清液透射比逐渐降低，当溶液从酸性环境变为碱性环境时，煤泥水上清液透射比从 4.2% 降低到 0.9%，说明碱性条件不利于煤泥水上清液的澄清。主要原因是在碱性环境下，煤泥颗粒表面荷有负电荷，Stern 层反离子为正离子，随着 $H^+$ 浓度的减小，表面 Stern 层和扩散层中的 $H^+$ 浓度降低，双电层厚度增加，电动电位的绝对值增加，煤泥颗粒间的静电斥力增加，更加分散，上清液透射比降低。

### 3.2.2.2  不同 pH 值作用下聚丙烯酰胺对煤泥过滤效果的影响

本节主要分析不同 pH 值作用下，阴离子聚丙烯酰胺对煤泥过滤效果的影响，结果如图 3-27~图 3-30 所示。

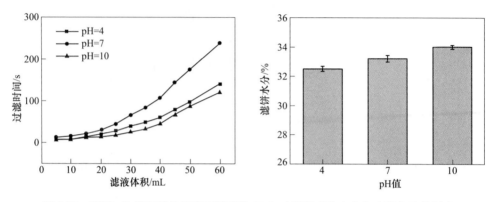

图 3-27  不同 pH 值下阴离子聚丙烯酰胺 5250 对煤泥过滤速度和滤饼水分的影响

由图 3-27 可知，碱性条件下，煤泥的过滤速度最快，其次是酸性条件，中性条件下过滤速度最慢。滤饼水分结果表明，随着 pH 值的升高，煤泥滤饼水分逐渐升高，当溶液从酸性环境变为碱性环境时，煤泥滤饼水分从 32.5%增加到 34%，说明碱性条件不利于煤泥滤饼水分的降低。

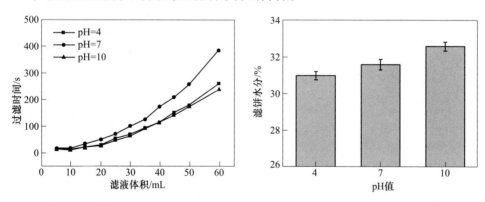

图 3-28  不同 pH 值下阴离子聚丙烯酰胺 300 对煤泥过滤速度和滤饼水分的影响

由图 3-28 可知，碱性和酸性条件下，煤泥的过滤速度基本一致，中性条件下过滤速度最慢。滤饼水分结果表明，随着 pH 值的升高，煤泥滤饼水分逐渐升高，当溶液从酸性环境变为碱性环境时，煤泥滤饼水分从 31%增加到 32.6%，说明碱性条件不利于煤泥滤饼水分的降低。这一现象可能的原因是碱性条件下，煤泥颗粒表面的负电荷导致颗粒分散，一方面颗粒与水接触的表面积增大，水化作用增强，吸附更多的水分子；另一方面分散的微细颗粒堵塞滤饼孔隙，降低滤饼孔隙率，阻碍水分的排出。

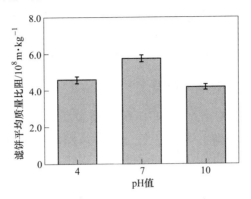

图 3-29　不同 pH 值下阴离子聚丙烯酰胺 5250 对煤泥滤饼平均质量比阻的影响

由图 3-29 可知，碱性条件下，煤泥滤饼平均质量比阻最小为 $4.2 \times 10^8$ m/kg，其次是酸性条件，中性条件下煤泥滤饼平均质量比阻最大为 $5.7 \times 10^8$ m/kg，说明碱性条件有利于煤泥滤饼平均质量比阻的降低，这一结果与过滤速度相一致。

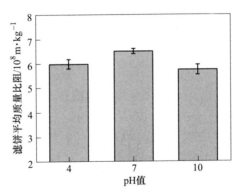

图 3-30　不同 pH 值下阴离子聚丙烯酰胺 300 对煤泥滤饼平均质量比阻的影响

由图 3-30 可知，碱性条件下，煤泥滤饼平均质量比阻最小为 $5.7 \times 10^8$ m/kg，其次是酸性条件，中性条件下煤泥滤饼平均质量比阻最大为 $6.5 \times 10^8$ m/kg，说明碱性条件有利于煤泥滤饼平均质量比阻的降低，这一结果与过滤速度相一致。

综上所述，对于阴离子聚丙烯酰胺而言，碱性条件下，煤泥水的过滤速度大，滤饼比阻小，酸性次之，中性效果最差。可能的原因是，对于阴离子聚丙烯酰胺而言，溶液 pH 值的变化影响聚丙烯酰胺分子的结构，当处于碱性环境时，$OH^-$ 的吸附使阴离子聚丙烯酰胺链更加舒展，为颗粒絮凝提供了更多的吸附位点，形成的絮团尺寸更大，也就是说增加了颗粒的表观粒度，因而煤泥水的过滤速度增加，滤饼比阻减小。而在酸性条件，$H^+$中和了煤泥颗粒表面的部分负电荷，压缩双电层，使得煤泥颗粒之间更易聚集，同样有利于过滤效率的提高。此外，酸性条件下，滤饼水分更低，这一方面归因于酸性条件下，煤泥颗粒间静电斥力减小，更易聚集，减弱了微细颗粒对煤泥滤饼孔隙的堵塞；另一方面较小的絮团尺寸一定程度上避免了絮团内部包含的水分，同样有利于滤饼水分的降低。

### 3.2.3　煤泥颗粒絮团结构演化规律

为了进一步验证聚丙烯酰胺对煤泥颗粒表观粒度的影响，本节通过FBRM实时在线监测系统，采用弦长分布表征颗粒粒径分布，获取连续无扰动的煤泥脱水过程颗粒尺寸和分布状态，实现煤泥絮团的空间分布及细观结构演化特性分析。

根据煤泥絮团实际情况，将FBRM测得的絮团弦长值分为$10\mu m$以下的小颗粒、$10\sim100\mu m$的中等颗粒和$100\sim1000\mu m$的大颗粒。通过FBRM测试，可以获得不同弦长的煤泥絮团随时间的演化规律。根据絮团实际生长-破碎情况，本节分别选取5s、11s和30s三个代表性的时间点来考察絮团的分布规律。用于反映絮团尺寸演化及分布规律的图中纵坐标包括不加权试验结果（数量分布）——反映小颗粒的尺寸变化，以及加权试验结果（体积分布）——反映大颗粒的尺寸变化。

#### 3.2.3.1　阴离子聚丙烯酰胺5250作用下煤泥絮团结构的演化规律

图3-31为溶液pH值为7，阴离子聚丙烯酰胺5250用量为$100g/t$时，煤泥絮团尺寸演化及分布规律。由数量分布结果可知，$10\mu m$以下的小颗粒数量最多，其次是$10\sim100\mu m$的中等颗粒，$100\sim1000\mu m$的大颗粒数量最少。随着时间的增加，$10\mu m$以下的小颗粒数量逐渐降低，在15s左右达到平衡，其余粒级的颗粒数量变化不明显。

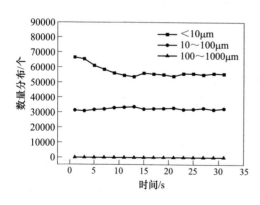
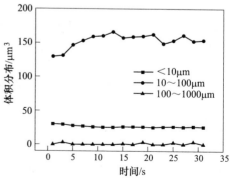

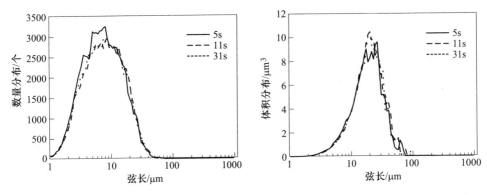

图 3-31 pH 值为 7 时 100g/t 阴离子聚丙烯酰胺 5250 对絮团尺寸演化及分布规律的影响

由体积分布结果可知，10～100μm 的中等颗粒的体积分布最大，且随着时间的增加，体积分布逐渐增大，在 15s 左右达到动态平衡，其余粒级的颗粒体积分布随时间变化不明显，说明加入 100g/t 阴离子聚丙烯酰胺 5250 后，形成的絮团尺寸主要集中在 10～100μm 范围内。由弦长-数量分布和弦长-体积分布结果可知，加入 100g/t 阴离子聚丙烯酰胺 5250 后，煤泥絮团颗粒随着时间的增加，絮团数量减小，体积增加。

图 3-32 为溶液 pH 值为 7，阴离子聚丙烯酰胺 5250 用量为 200g/t 时，煤泥

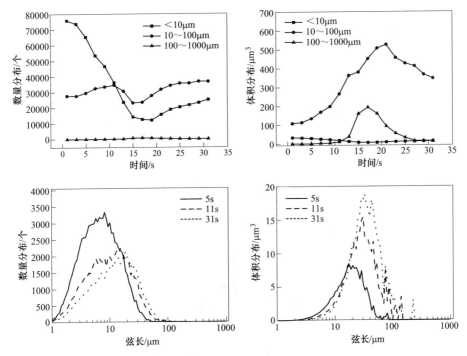

图 3-32 pH 值为 7 时 200g/t 阴离子聚丙烯酰胺 5250 对絮团尺寸演化及分布规律的影响

絮团尺寸演化及分布规律。由数量分布结果可知，11s 之前，10μm 以下的小颗粒数量最多，其次是 10~100μm 的中等颗粒，100~1000μm 的大颗粒数量最少。随着时间的增加，10μm 以下的小颗粒数量逐渐降低，11s 之后，10~100μm 的中等颗粒数量最多，10μm 以下的小颗粒数量次之。

由体积分布结果可知，10~100μm 的中等颗粒的体积分布最大，且随着时间的增加，10~100μm 的中等颗粒和 100~1000μm 的大颗粒体积分布先增大后减小，说明在 20s 之后，絮团开始破碎。加入 200g/t 阴离子聚丙烯酰胺 5250 后，形成的絮团尺寸主要集中在 10~100μm 范围内。由弦长-数量分布和弦长-体积分布结果可知，加入 200g/t 阴离子聚丙烯酰胺 5250 后，煤泥絮团颗粒随着时间的增加，絮团数量减小，体积增加。

图 3-33 为溶液 pH 值为 4，阴离子聚丙烯酰胺 5250 用量为 200g/t 时，煤泥絮团尺寸演化及分布规律。由数量分布结果可知，随着时间的增加，10μm 以下的小颗粒数量逐渐减少，10~100μm 的中等颗粒数量先减少后增加，100~1000μm 的大颗粒数量逐渐增加。9s 之前，10μm 以下的小颗粒数量最多，其次是 10~100μm 的中等颗粒，100~1000μm 的大颗粒数量最少。9s 之后，10~100μm 的中等颗粒数量最多，10μm 以下的小颗粒数量次之。

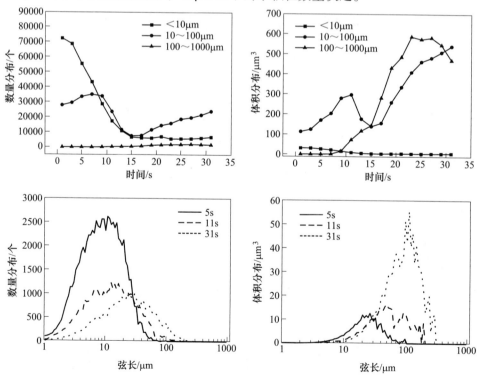

图 3-33　pH 值为 4 时 200g/t 阴离子聚丙烯酰胺 5250 对絮团尺寸演化及分布规律的影响

由体积分布结果可知，15s 之前，10~100μm 的中等颗粒的体积分布最大，15s 之后，100~1000μm 的大颗粒的体积分布最大，占主导地位。由弦长-数量分布和弦长-体积分布结果可知，溶液 pH 值为 4 时，加入 200g/t 阴离子聚丙烯酰胺 5250 后，煤泥絮团颗粒随着时间的增加，絮团数量减小，体积增加。

图 3-34 为溶液 pH 值为 10，阴离子聚丙烯酰胺 5250 用量为 200g/t 时，煤泥絮团尺寸演化及分布规律。由数量分布结果可知，随着时间的增加，10μm 以下的小颗粒数量逐渐减少，10~100μm 的中等颗粒数量先减少后增加，100~1000μm 的大颗粒数量逐渐增加。7s 之前，10μm 以下的小颗粒数量最多，其次是 10~100μm 的中等颗粒，100~1000μm 的大颗粒数量最少。7s 之后，10~100μm 的中等颗粒数量最多，10μm 以下的小颗粒数量次之。

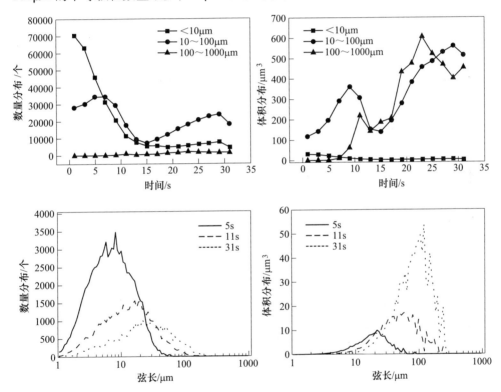

图 3-34 pH 值为 10 时 200g/t 阴离子聚丙烯酰胺 5250 对絮团尺寸演化及分布规律的影响

由体积分布结果可知，13s 之前，10~100μm 的中等颗粒的体积分布最大，13s 之后，100~1000μm 的大颗粒的体积分布最大，占主导地位。由弦长-数量分布和弦长-体积分布结果可知，溶液 pH 值为 10 时，加入 200g/t 阴离子聚丙烯酰胺 5250 后，煤泥絮团颗粒随着时间的增加，絮团数量减小，体积增加。

综上所述，随着阴离子聚丙烯酰胺 5250 药剂量的增加，10μm 以下的小颗粒数量减少，10~100μm 的中等颗粒和 100~1000μm 的大颗粒数量增加，煤泥絮团数量减小，体积增加，这主要是因为药剂量增加，增加了药剂分子与煤泥颗粒的碰撞概率和吸附位点，从而可以起到更好的絮凝效果。溶液的 pH 值不同，煤泥絮团变化有所差异。当溶液为酸性时，由于煤泥颗粒表面的双电层被压缩，颗粒更易聚集，所以形成的絮团比中性时更大。当溶液为碱性时，阴离子聚丙烯酰胺5250 表面吸附了更多的负电荷，导致分子链之间静电斥力增大，分子链更加舒展，为煤泥颗粒的吸附提供了更多的吸附位点，因而形成的絮团尺寸更大，这一结果与沉降过滤结果相一致。

### 3.2.3.2   非离子聚丙烯酰胺 333 作用下煤泥絮团结构的演化规律

图 3-35 为溶液 pH 值为 7，非离子聚丙烯酰胺 333 用量为 100g/t 时，煤泥絮团尺寸演化及分布规律。由数量分布结果可知，10μm 以下的小颗粒数量最多，其次是 10~100μm 的中等颗粒，100~1000μm 的大颗粒数量最少。随着时间的增加，10μm 以下的小颗粒数量逐渐降低，在 7s 左右达到平衡，其余粒级的颗粒数量变化不明显。由体积分布结果可知，10~100μm 的中等颗粒的体积分布最大，且随着时间的增加，体积分布逐渐增大，在 7s 左右达到动态平衡，其余粒级的

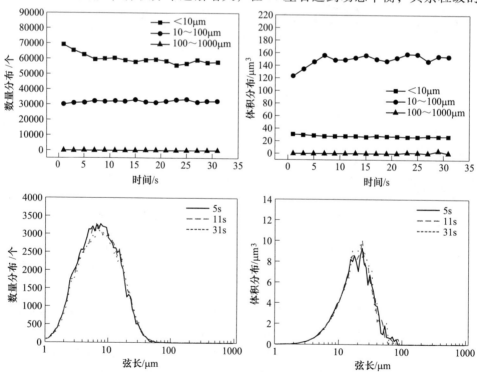

图 3-35   pH 值为 7 时 100g/t 非离子聚丙烯酰胺 333 对絮团尺寸演化及分布规律的影响

颗粒体积分布随时间变化不明显，说明加入100g/t非离子聚丙烯酰胺333后，形成的絮团尺寸主要集中在10~100μm范围内。由弦长-数量分布和弦长-体积分布结果可知，加入100g/t非离子聚丙烯酰胺333后，煤泥絮团颗粒随着时间的增加，絮团数量和体积变化不明显。

图3-36为溶液pH值为7，非离子聚丙烯酰胺333用量为200g/t时，煤泥絮团尺寸演化及分布规律。由数量分布结果可知，9s之前，10μm以下的小颗粒数量最多，其次是10~100μm的中等颗粒，100~1000μm的大颗粒数量最少。随着时间的增加，10μm以下的小颗粒数量逐渐降低，9s之后，10~100μm的中等颗粒数量最多，10μm以下的小颗粒数量次之。

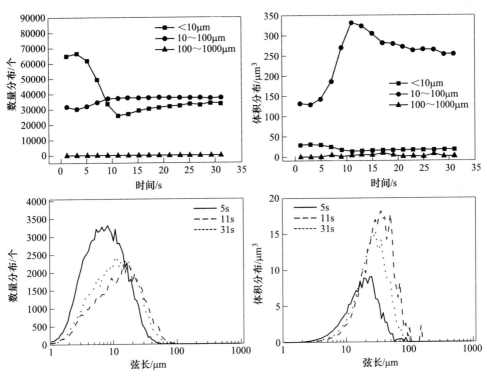

图3-36 pH值为7时200g/t非离子聚丙烯酰胺333对絮团尺寸演化及分布规律的影响

由体积分布结果可知，10~100μm的中等颗粒的体积分布最大，且随着时间的增加，10~100μm的中等颗粒体积分布先增大后减小，说明在11s之后，絮团开始破碎。加入200g/t非离子聚丙烯酰胺333后，形成的絮团尺寸主要集中在10~100μm范围内。由弦长-数量分布和弦长-体积分布结果可知，加入200g/t非离子聚丙烯酰胺333后，煤泥絮团颗粒随着时间的增加，絮团数量先减小后增加，体积先增加后减小。

综上所述，随着非离子聚丙烯酰胺333药剂量的增加，10μm以下的小颗粒数量减少，10~100μm的中等颗粒和100~1000μm的大颗粒数量增加，煤泥絮团数量减小，体积增加，但是当药剂量增加到200g/t时，絮团随时间推移出现破碎现象。

### 3.2.3.3   阴离子聚丙烯酰胺300作用下煤泥絮团结构的演化规律

图3-37为溶液pH值为7，阴离子聚丙烯酰胺300用量为100g/t时，煤泥絮团尺寸演化及分布规律。由数量分布结果可知，10μm以下的小颗粒数量最多，其次是10~100μm的中等颗粒，100~1000μm的大颗粒数量最少。随着时间的增加，各粒级的颗粒数量变化不明显。由体积分布结果可知，10~100μm的中等颗粒的体积分布最大，且随着时间的增加，各粒级的颗粒体积分布随时间变化不明显，说明加入100g/t阴离子聚丙烯酰胺300后，形成的絮团尺寸主要集中在10~100μm范围内。由弦长-数量分布和弦长-体积分布结果可知，加入100g/t阴离子聚丙烯酰胺300后，煤泥絮团颗粒随着时间的增加，絮团数量和体积变化不明显。

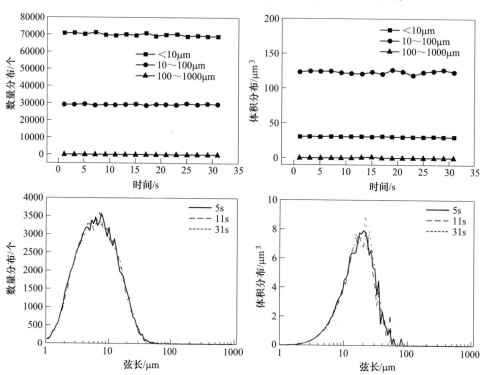

图3-37   pH值为7时100g/t阴离子聚丙烯酰胺300对絮团尺寸演化及分布规律的影响

图3-38为溶液pH值为7，阴离子聚丙烯酰胺300用量为200g/t时，煤泥絮

团尺寸演化及分布规律。由数量分布结果可知，10μm 以下的小颗粒数量最多，其次是 10~100μm 的中等颗粒，100~1000μm 的大颗粒数量最少。随着时间的增加，10μm 以下的小颗粒数量逐渐降低，在 7s 左右达到平衡，其余粒级的颗粒数量变化不明显。由体积分布结果可知，10~100μm 的中等颗粒的体积分布最大，且随着时间的增加，体积分布逐渐增大，在 7s 左右达到动态平衡，其余粒级的颗粒体积分布随时间变化不明显，说明加入 200g/t 阴离子聚丙烯酰胺 300 后，形成的絮团尺寸主要集中在 10~100μm 范围内。由弦长-数量分布和弦长-体积分布结果可知，加入 200g/t 阴离子聚丙烯酰胺 300 后，煤泥絮团颗粒随着时间的增加，絮团数量和体积变化不明显。

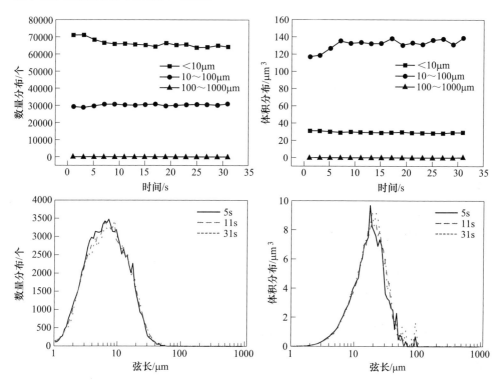

图 3-38　pH 值为 7 时 200g/t 阴离子聚丙烯酰胺 300 对絮团尺寸演化及分布规律的影响

图 3-39 为溶液 pH 值为 7，阴离子聚丙烯酰胺 300 用量为 300g/t 时，煤泥絮团尺寸演化及分布规律。由数量分布结果可知，10μm 以下的小颗粒数量最多，其次是 10~100μm 的中等颗粒，100~1000μm 的大颗粒数量最少。随着时间的增加，10μm 以下的小颗粒数量逐渐降低，在 21s 左右达到平衡，其余粒级的颗粒数量变化不明显。由体积分布结果可知，10~100μm 的中等颗粒的体积分布最大，且随着时间的增加，体积分布逐渐增大，在 21s 左右达到动态平衡，其余粒级的颗粒体积分布随时间变化不明显，说明加入 300g/t 阴离子聚丙烯酰胺 300

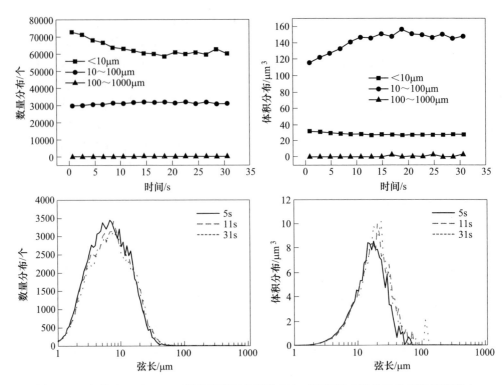

图 3-39 pH 值为 7 时 300g/t 阴离子聚丙烯酰胺 300 对絮团尺寸演化及分布规律的影响

后，形成的絮团尺寸主要集中在 10～100μm 范围内。由弦长-数量分布和弦长-体积分布结果可知，加入 300g/t 阴离子聚丙烯酰胺 300 后，煤泥絮团颗粒随着时间的增加，絮团数量减小，体积增加。

图 3-40 为溶液 pH 值为 4，阴离子聚丙烯酰胺 300 用量为 200g/t 时，煤泥絮团尺寸演化及分布规律。由数量分布结果可知，随着时间的增加，10μm 以下的小颗粒数量逐渐减少，10～100μm 的中等颗粒数量逐渐增加，100～1000μm 的大颗粒数量变化不明显。由体积分布结果可知，10～100μm 的中等颗粒的体积分布

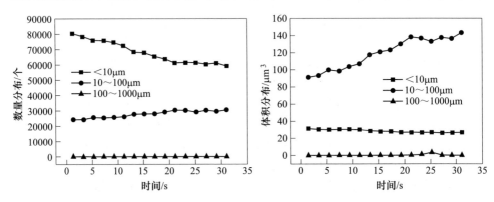

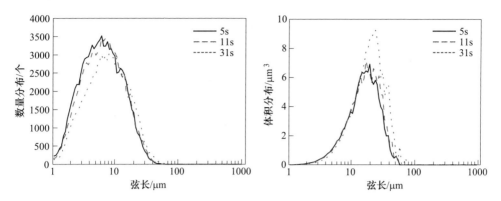

图 3-40 pH 值为 4 时 200g/t 阴离子聚丙烯酰胺 300 对絮团尺寸演化及分布规律的影响

最大，且随着时间的增加逐渐变大，占主导地位。由弦长-数量分布和弦长-体积分布结果可知，溶液 pH 值为 4 时，加入 200g/t 阴离子聚丙烯酰胺 300 后，煤泥絮团颗粒随着时间的增加，絮团数量减小，体积增加。

图 3-41 为溶液 pH 值为 10，阴离子聚丙烯酰胺 300 用量为 200g/t 时，煤泥絮团尺寸演化及分布规律。由数量分布结果可知，随着时间的增加，10μm 以下

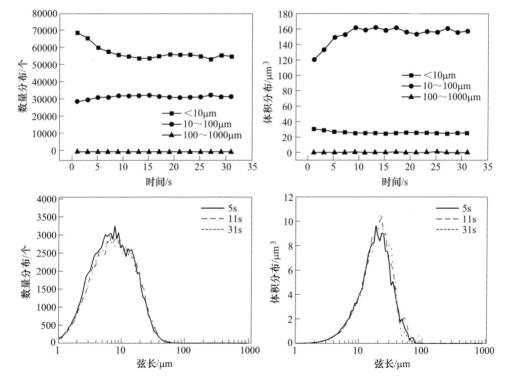

图 3-41 pH 值为 10 时 200g/t 阴离子聚丙烯酰胺 300 对絮团尺寸演化及分布规律的影响

的小颗粒数量逐渐减少，13s 之后达到平衡。10~100μm 的中等颗粒和 100~1000μm 的大颗粒数量变化不明显。

由体积分布结果可知，10~100μm 的中等颗粒的体积分布最大，且随着时间的增加逐渐变大，13s 之后达到平衡，占主导地位。由弦长-数量分布和弦长-体积分布结果可知，溶液 pH 值为 10 时，加入 200g/t 阴离子聚丙烯酰胺 300 后，煤泥絮团颗粒随着时间的增加，絮团数量减小，体积增加。

综上所述，随着阴离子聚丙烯酰胺 300 药剂量的增加，10μm 以下的小颗粒数量减少，10~100μm 的中等颗粒和 100~1000μm 的大颗粒数量变化不明显，煤泥絮团数量减小，体积增加，这主要是因为阴离子聚丙烯酰胺 300 分子量小，形成的絮团尺寸小。溶液的 pH 值不同，煤泥絮团变化有所差异。当溶液为酸性时，由于煤泥颗粒表面的双电层被压缩，颗粒更易聚集，所以形成的絮团比中性时更大。当溶液为碱性时，阴离子聚丙烯酰胺 300 表面由于吸附了更多的负电荷，导致分子链之间静电斥力增大，分子链更加舒展，为煤泥颗粒的吸附提供了更多的吸附位点，因而形成的絮团尺寸更大，这一结果与沉降过滤结果相一致。

### 3.2.4　聚丙烯酰胺对煤泥滤饼结构的调控

由 3.2.3 节可知，聚丙烯酰胺可以对煤泥起到絮凝作用，增加煤泥颗粒的粒度，接下来以阴离子聚丙烯酰胺 300 和 5250 为代表，分析加入聚丙烯酰胺后，煤泥滤饼结构的变化规律。图 3-42 是煤泥滤饼孔隙率随阴离子聚丙烯酰胺 300 用量的变化规律。

由图 3-42 可知，加入阴离子聚丙烯酰胺 300 后，煤泥滤饼各层的孔隙率均明显增加。随着阴离子聚丙烯酰胺 300 用量的增加，煤泥滤饼各层的孔隙率逐渐增加，当阴离子聚丙烯酰胺 300 的用量为 300g/t 时，各层的孔隙率达到最大值，滤饼上表面的孔隙率为 22.36%，比原样增加了 15.57 个百分点，滤饼中间面的孔隙率升高为 32.38%，比原样增加了 18.02 个百分点，滤饼下表面和侧面的孔隙率也分别增加了 18.71 个百分点和 15.53 个百分点，孔隙率的变化结果与过滤速度及滤饼平均质量比阻结果一致。阴离子聚丙烯酰胺 300 对煤泥滤饼孔隙率的改善归因于其对煤泥颗粒的絮凝作用，增加颗粒的粒度，进而提高了滤饼孔隙率，改善了过滤效果。

图 3-43 为煤泥滤饼孔隙率随阴离子聚丙烯酰胺 5250 用量的变化规律。由图 3-43 可知，加入阴离子聚丙烯酰胺 5250 后，煤泥滤饼各层的孔隙率均明显增加。随着阴离子聚丙烯酰胺 5250 用量的增加，煤泥滤饼各层的孔隙率逐渐增加，当阴离子聚丙烯酰胺 5250 的用量为 300g/t 时，各层的孔隙率达到最大值，滤饼上表面的孔隙率为 25.29%，比原样增加了 18.50 个百分点，滤饼中间面的孔隙

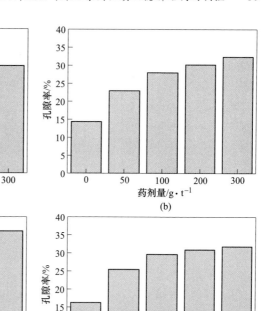

图 3-42 阴离子聚丙烯酰胺 300 对煤泥滤饼各层孔隙率的影响
（a）滤饼上表面；（b）滤饼中间面；（c）滤饼下表面；（d）滤饼侧面

率升高为 35.40，比原样增加了 21.04 个百分点，滤饼下表面和侧面的孔隙率也分别增加了 18.75 个百分点和 19.55 个百分点，孔隙率的变化结果与过滤速度及滤饼平均质量比阻结果一致。阴离子聚丙烯酰胺 5250 对煤泥滤饼孔隙率的改善同样归因于其对煤泥颗粒的絮凝作用，增加颗粒的粒度，进而提高了滤饼孔隙率，提高了过滤速度。相比于阴离子聚丙烯酰胺 300 而言，效果更加明显。

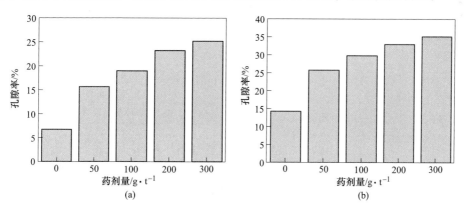

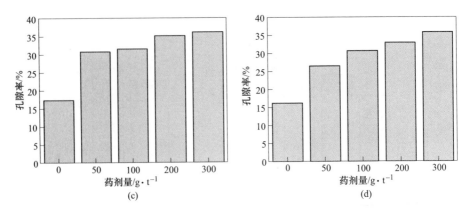

图 3-43　阴离子聚丙烯酰胺 5250 对煤泥滤饼各层孔隙率的影响
（a）滤饼上表面；（b）滤饼中间面；（c）滤饼下表面；（d）滤饼侧面

## 3.3　骨架构建体型助滤剂对煤泥脱水效果及滤饼结构的调控

借鉴污泥脱水领域的物理调节剂助滤机理，本节选取了硅藻土、珍珠岩、活性炭、纤维素和球形 $SiO_2$ 来助滤煤泥，分析了不同骨架构建体对煤泥过滤效果的影响，基于滤饼平均质量比阻和滤饼厚度考察了不同骨架构建体的作用机制，进一步地，通过滤饼孔隙结构的变化探索各个助滤剂对煤泥滤饼骨架支撑作用，深入研究骨架构建体的助滤机理，为煤泥脱水寻求新的有效助滤剂提供参考。

### 3.3.1　骨架构建体的基本性质

本节所用的骨架构建体助滤剂基本性质见表 3-2。

表 3-2　不同骨架构建体的理化性质

| 名　称 | 成　分 | 密度/$g \cdot cm^{-3}$ | 堆密度/$g \cdot cm^{-3}$ | 特　点 |
|---|---|---|---|---|
| 硅藻土 | 89%$SiO_2$，少量 $Al_2O_3$、$Fe_2O_3$、CaO、MgO 等 | 2.3 | 0.57 | 压缩性极低，具有多孔结构，孔隙率大 |
| 珍珠岩 | 70%$SiO_2$，少量 $Al_2O_3$、$Fe_2O_3$、CaO、$K_2O$ 等 | 2.2 | 0.15 | 密度较小，尤其是堆密度很小，颗粒没有多孔结构 |
| 活性炭 | 除碳元素外，还有其他无机部分 | 2.1 | 0.55 | 微孔结构发达，比表面积和吸附活性大 |
| 纤维素 | 纤维素 | — | 0.15 | 短纤维状，不含二氧化硅成分，具有一定的可压缩性 |
| 球形 $SiO_2$ | $SiO_2$ | 2.2 | — | 球形，无多孔结构，化学性质比较稳定 |

由表 3-2 可知，不同骨架构建体的理化性质各不相同。硅藻土、珍珠岩和球形 $SiO_2$ 的成分中均含有 $SiO_2$，其中，硅藻土含有 89% $SiO_2$ 及少量的 $Al_2O_3$、$Fe_2O_3$、CaO、MgO 等，珍珠岩中的 $SiO_2$ 含量较少，为 70%，除此之外，含有少

量的 $Al_2O_3$、$Fe_2O_3$、$CaO$、$K_2O$ 等。硅藻土孔隙结构发达，而珍珠岩和球形 $SiO_2$ 不具有多孔结构，珍珠岩的堆密度很低。活性炭主要含有碳元素，微孔结构发达。纤维素呈短纤维状，具有一定的可压缩性，由于它们具有纤维结构，纤维的弹性反应致使压力激增。

各种物理助滤剂的粒度特性如图 3-44~图 3-48 所示。

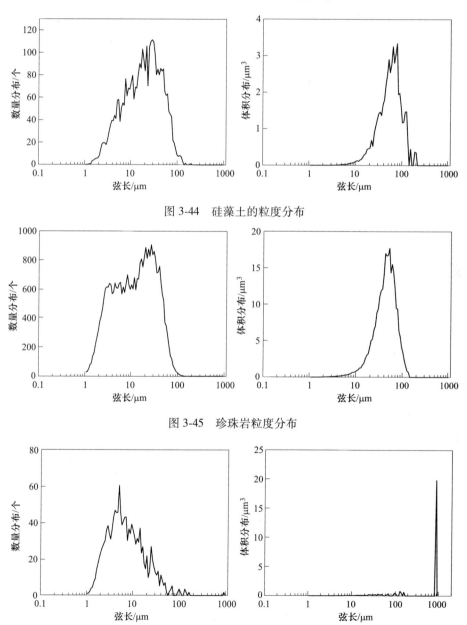

图 3-44 硅藻土的粒度分布

图 3-45 珍珠岩粒度分布

图 3-46 活性炭粒度分布

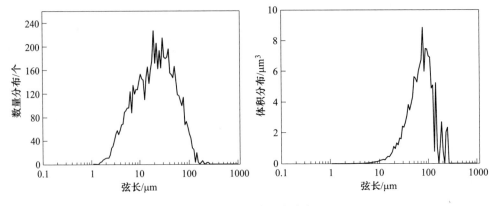

图 3-47 纤维素粒度分布

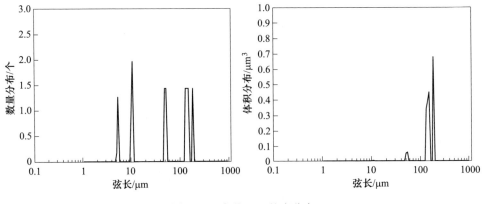

图 3-48 球形 $SiO_2$ 粒度分布

图 3-44 为 FBRM 实时在线监测系统获得的硅藻土的粒度分布。其中，数量分布反映小颗粒的尺寸变化，体积分布反映大颗粒的尺寸变化。数量分布结果表明，硅藻土的粒度范围为 1.1885~197.2423μm，在弦长为 28.5102μm 时，颗粒数量达到最多（111 个），硅藻土的平均数量粒度为 25.4μm。体积分布结果表明，硅藻土的粒度范围为 1.4622~197.2423μm，硅藻土的平均体积粒度为 65.3μm。

图 3-45 为 FBRM 实时在线监测系统获得的珍珠岩的粒度分布。数量分布结果表明，珍珠岩的粒度范围为 1.0351~130.3167μm，在弦长为 26.6073μm 时，颗粒数量达到最多（905 个），珍珠岩的平均数量粒度为 18.0μm。体积分布结果表明，珍珠岩的粒度范围为 1.0351~130.3167μm，珍珠岩的平均体积粒度为 45.9μm。

图 3-46 为 FBRM 实时在线监测系统获得的活性炭的粒度分布。数量分布结

果表明，活性炭的粒度范围为 1.0351~901.5711μm，在弦长为 5.0699μm 时，颗粒数量达到最多（60 个），活性炭的平均数量粒度为 12.3μm。体积分布结果表明，活性炭的粒度范围为 1.2735~901.5711μm，活性炭的平均体积粒度为 682.2μm。对比发现活性炭的数量分布和体积分布结果可以发现，活性炭中小颗粒数量很多，且多数集中在 10μm 以下，而在体积分布图中，接近 1000μm 的峰尤为明显，说明活性炭中大颗粒的粒度很大，导致在体积分布图中显示不出小颗粒的体积。

图 3-47 为 FBRM 实时在线监测系统获得的纤维素的粒度分布。数量分布结果表明，纤维素的粒度范围为 1.0351~242.661μm，在弦长为 18.8365μm 时，颗粒数量达到最多（227 个），纤维素的平均数量粒度为 28.7μm。体积分布结果表明，纤维素的粒度范围为 1.4622~242.661μm，纤维素的平均体积粒度为 78.6μm。

图 3-48 为 FBRM 实时在线监测系统获得的球形 $SiO_2$ 的粒度分布。数量分布结果表明，球形 $SiO_2$ 的粒度范围为 5.0699~184.0772μm，在弦长为 10.8393μm 时，颗粒数量达到最多（2 个），球形 $SiO_2$ 的平均数量粒度为 81.4μm。体积分布结果表明，球形 $SiO_2$ 的粒度范围为 5.0699~184.0772μm，球形 $SiO_2$ 的平均体积粒度为 150μm。观察球形 $SiO_2$ 粒度分布发现，不像是其他的骨架构建体助滤剂有连续的峰，球形 $SiO_2$ 的粒度范围是比较集中的几个峰，说明球形 $SiO_2$ 的粒度范围窄。

综上所述，就数量分布而言，球形 $SiO_2$ 的平均粒度最大为 81.4μm，其余的骨架构建体助滤剂的平均粒度均小于 30μm；其次为纤维素和硅藻土，平均粒度分别为 28.7μm 和 25.4μm。珍珠岩的平均粒度较小（18.0μm），活性炭的粒度最小，平均值为 12.3μm。然而，就体积分布而言，活性炭的平均粒度最大为 682.2μm；其次为球形 $SiO_2$，球形 $SiO_2$ 的平均粒度为 150μm，其余的骨架构建体助滤剂的平均粒度均小于 100μm，其中，纤维素的粒度较大，平均值为 78.6μm，硅藻土的平均体积粒度为 65.3μm，珍珠岩的平均体积粒度最小为 45.9μm。对比研究各个骨架构建体助滤剂的粒径发现，活性炭的平均数量粒度最小，而平均体积粒度最大，说明活性炭的小颗粒数量多，而大颗粒的粒径大，这种两极分化严重的粒级配比不一定对过滤有明显的正面影响。而球形 $SiO_2$ 的平均数量粒度和平均体积粒度均较大，说明球形 $SiO_2$ 中的小颗粒数量少，同时球形 $SiO_2$ 粒度范围窄，这样的粒度级配可能更有利于煤泥过滤。

本章所用的骨架构建体助滤剂显微图像如图 3-49~图 3-53 所示。

由图 3-49 发现，本节所用的硅藻土形状主要以圆盘状和筒状组成，硅藻土是多孔物质，有多级、大量、有序排列的微孔，多孔结构使得其拥有很大的比表面积，这种微孔结构是硅藻土具有特殊理化性质的原因。硅藻土一般具有两级孔

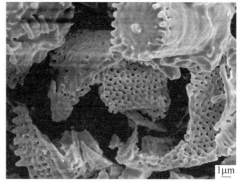

图 3-49　硅藻土的 SEM 形貌图

洞，微小孔一般在 50~500nm，大孔一般在 1~3μm，孔径越小，微孔内表面的水越难脱去。

图 3-50　珍珠岩的 SEM 形貌图

　　由图 3-50 可知，珍珠岩颗粒表面凹凸不平，滤饼成型过程才能相互挤压，最终的产品表面就是锯齿状，它们会互相咬合连接形成粗糙的滤隙，其中有许多内联通道，非常不规则的曲卷片状，形成的滤饼有 80%~90% 的孔隙率，各颗粒有许多毛细孔相通，因此可以快速过滤且能捕捉到 1μm 以下的超微小颗粒。

　　由图 3-51 可知，活性炭粉是表面积很大的多孔性物质，而且过滤后滞留在滤饼中，容易在烧结时清除，不会影响滤饼的最终质量。椰壳活性炭是以优质椰子壳为原料，经高温活化、碳化处理而成，同时负载光触媒、碳纤维，外观为黑色，颗粒状，椰壳活性炭具有发达的比表面积，丰富的微孔径，比表面积可达 1000~1600m$^2$/g，微孔体积 90% 左右，其微孔孔径为大多在 2~50nm。综上所述，椰壳活性炭具有比表面积大、孔隙发达、孔径适中、分布均匀、吸附速度快、杂质少、易再生、经济耐用等优点。

图 3-51 活性炭的 SEM 形貌图

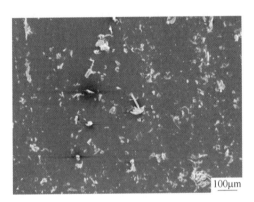

图 3-52 纤维素的 SEM 形貌图

由图 3-52 可知，纤维素具有纤维结构，将其加入悬浮液中或预涂于过滤介质上，可以增加滤饼疏松性和过滤速度，防止滤布堵塞，其作为强化固液分离的手段在工业中广泛使用。

由图 3-53 可知，书中所用 $SiO_2$ 基本呈规则的球形，同时粒度分布均匀。颗粒的球形度越高，形成的滤饼结构更加均匀，更加规则，滤饼的孔隙率也越高，易方便水分的排出，将有利于过滤效率的提高。

### 3.3.2 骨架构建体型助滤剂对煤泥脱水效果的影响规律

本节中首先探索了不同骨架构建体类助滤剂对煤泥水过滤速度的影响，结果如图 3-54~图 3-58 所示。由图 3-54 可知，在未添加药剂时，煤泥水的过滤速度很慢，当滤液体积达到 60mL 时，过滤时间长达 420.5s。硅藻土的加入可以提高煤泥水的过滤速度，随着药剂用量的增加，过滤速度先升高后降低。当硅藻土的用量为 2g 时，煤泥水的过滤速度达到最大值，即当滤液体积达到 60mL 时，过滤

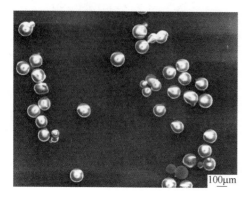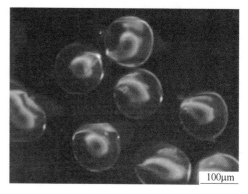

图 3-53 球形 SiO$_2$ 的 SEM 形貌图

时间仅为 300.9s，说明硅藻土有利于煤泥水过滤效率的提高。这是由于硅藻土的多孔结构，为水分的流动提供了更多的路径，提升了过滤速度。

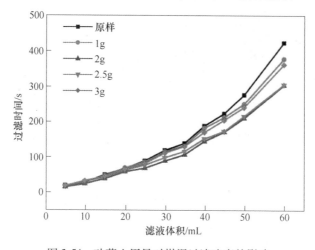

图 3-54 硅藻土用量对煤泥过滤速度的影响

由图 3-55 可知，珍珠岩的加入可以提高煤泥水的过滤速度，随着药剂用量的增加，过滤速度先升高后稍有降低。当珍珠岩用量为 2g 时，煤泥水的过滤速度达到最大值，即当滤液体积达到 60mL 时，过滤时间仅为 188.2s，说明珍珠岩有利于煤泥水过滤效率的提高。这是由于珍珠岩粗糙的表面之间形成了滤隙，为水分的流动提供了更多的路径，提升了过滤速度。

由图 3-56 可知，活性炭的加入基本不能提高煤泥水的过滤速度，随着药剂用量的增加，过滤速度有所降低。说明在本节试验条件下，活性炭对煤泥水过滤效率的提高没有正面影响。可能的原因是活性炭中大量的微细颗粒堵塞了滤饼孔隙，抑制了水分的流出，降低了过滤速度。

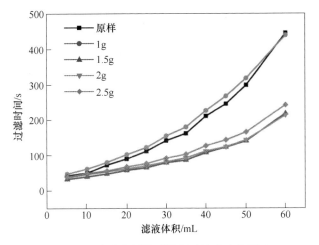

图 3-55 珍珠岩用量对煤泥过滤速度的影响

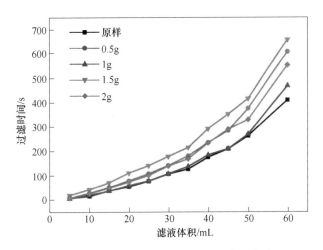

图 3-56 活性炭用量对煤泥过滤速度的影响

由图 3-57 可知, 纤维素的加入可以在一定程度上提高煤泥水的过滤速度, 随着药剂用量的增加, 过滤速度先降低后升高。当纤维素用量为 1.5g 时, 煤泥水的过滤速度达到最大值, 即当滤液体积达到 60mL 时, 过滤时间仅为 322.5s, 说明纤维素在一定程度上有利于煤泥水过滤效率的提高。

由图 3-58 可知, 球形 $SiO_2$ 的加入可以提高煤泥水的过滤速度, 随着药剂用量的增加, 过滤速度逐渐升高。当球形 $SiO_2$ 的用量为 4g 时, 煤泥水的过滤速度达到最大值, 即当滤液体积达到 60mL 时, 过滤时间仅为 269.3s, 说明球形 $SiO_2$ 有利于煤泥水过滤效率的提高。这是由于球形 $SiO_2$ 的颗粒粒度大且粒度分布范围窄, 形成的滤饼更加疏松, 有利于过滤。此外, 有研究表明球形的颗粒会形成更规则的滤饼, 同样会形成便于水分流动的孔隙, 提升过滤速度。

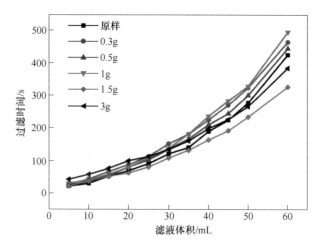

图 3-57 纤维素用量对煤泥过滤速度的影响

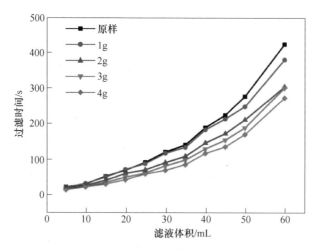

图 3-58 球形 SiO$_2$ 用量对煤泥过滤速度的影响

综上所述,除了活性炭之外,其余的骨架构建体都可以不同程度上提高煤泥的过滤速度,改善过滤效果,而过滤速度的提高可以提升选煤厂煤泥水的处理效率。

接下来探讨不同骨架构建体类助滤剂对煤泥滤饼水分的影响,结果如图 3-59 所示。

由图 3-59 可知,在未添加药剂时,煤泥滤饼的水分为 32.5%。硅藻土的加入基本不能降低煤泥滤饼的水分,随着药剂用量的增加,滤饼水分逐渐升高,在硅藻土的用量为 3 g 时,滤饼水分达到 33.9%,水分升高了 1.4 个百分点。说明在本节中的试验条件下,硅藻土对煤泥滤饼水分的降低没有正面影响。可能的原

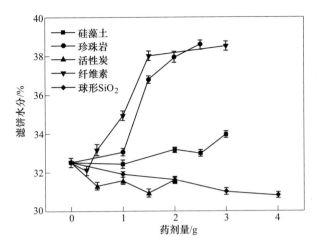

图 3-59　骨架构建体对煤泥滤饼水分的影响

因是硅藻土大的比表面积吸附了更多的水分子，而本节中用的盘状和筒状的硅藻土可能存在一定的盲道，使得水分子进入硅藻土内部后，在一定的压力下无法排除，因而增加了滤饼的水分。

　　珍珠岩的加入同样不能降低煤泥滤饼的水分，随着药剂用量的增加，滤饼水分逐渐升高，在珍珠岩用量为 2.5g 时，滤饼水分达到 38.5%，水分升高了 6.0 个百分点。说明在本节中的试验条件下，珍珠岩对煤泥滤饼水分的降低没有正面影响。可能的原因是珍珠岩形成的部分微小滤道中的水分子在一定的压力下无法排除，因而增加了滤饼的水分。

　　活性炭的加入可以降低煤泥滤饼的水分，随着药剂用量的增加，滤饼水分逐渐降低，在活性炭的用量为 1.5g 时，滤饼水分达到 30.9%，水分降低了 1.6 个百分点。说明在本节中的试验条件下，活性炭有利于煤泥滤饼水分的降低。

　　纤维素的加入不能降低煤泥滤饼的水分，随着药剂用量的增加，滤饼水分逐渐升高，在纤维素的用量为 3g 时，滤饼水分达到 38.6%，水分升高了 6.1 个百分点。说明在本节中的试验条件下，纤维素对煤泥滤饼水分的降低没有正面影响。加入纤维素后，滤饼水分明显升高的主要原因是纤维素表面还有大量—OH，可以与 $H_2O$ 分子形成配位键。另外，纤维素存在着无定形区，当吸水后，无定形区变大，因而纤维表现出膨胀。

　　但是，球形 $SiO_2$ 的加入可以降低煤泥滤饼的水分，随着药剂用量的增加，滤饼水分逐渐降低，在球形 $SiO_2$ 的用量为 4g 时，滤饼水分达到 30.8%，水分降低了 1.7 个百分点。滤饼水分降低的原因是球形 $SiO_2$ 颗粒在煤泥滤饼中起到了骨架支撑的作用，形成的滤饼更加疏松多孔，有利于水分的排出。

　　综上所述，在本节中的试验条件下，硅藻土、珍珠岩和纤维素对滤饼水分没有正面的影响，活性炭和球形 $SiO_2$ 都可以在不同程度上降低滤饼的水分，改善过滤效果。

进一步地，本节探讨了不同骨架构建体类助滤剂对煤泥滤饼比阻的影响，结果如图 3-60 所示。

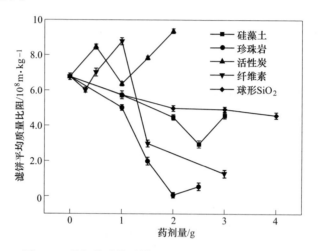

图 3-60　骨架构建体对煤泥滤饼平均质量比阻的影响

由图 3-60 可知，在未添加药剂时，煤泥滤饼的平均质量比阻为 $6.78 \times 10^8 m/kg$。硅藻土的加入可以降低煤泥滤饼的平均质量比阻，随着药剂用量的增加，滤饼平均质量比阻先降低后升高，在硅藻土用量为 2.5g 时，滤饼平均质量比阻达到 $2.96 \times 10^8 m/kg$。说明在本节中的试验条件下，硅藻土有利于煤泥滤饼平均质量比阻的降低，进而减小了煤泥过滤的阻力。

珍珠岩的加入可以降低煤泥滤饼的平均质量比阻，随着药剂用量的增加，滤饼平均质量比阻先降低后升高，在珍珠岩的用量为 2g 时，滤饼平均质量比阻达到 $0.71 \times 10^8 m/kg$。说明在本节中的试验条件下，珍珠岩有利于煤泥滤饼平均质量比阻的降低，进而减小了煤泥过滤的阻力。

活性炭的加入基本不能降低煤泥滤饼的平均质量比阻，随着药剂用量的增加，滤饼平均质量比阻有波动，在活性炭的用量为 1g 时，滤饼平均质量比阻达到 $6.38 \times 10^8 m/kg$。说明在本节中的试验条件下，活性炭对煤泥滤饼平均质量比阻的降低作用不明显。

纤维素的加入可以降低煤泥滤饼的平均质量比阻，随着药剂用量的增加，滤饼平均质量比阻先升高后降低，在纤维素的用量为 3g 时，滤饼平均质量比阻达到 $1.27 \times 10^8 m/kg$。说明在本节中的试验条件下，纤维素有利于煤泥滤饼平均质量比阻的降低，进而减小了煤泥过滤的阻力。

球形 $SiO_2$ 的加入可以明显降低煤泥滤饼的平均质量比阻，随着药剂用量的增加，滤饼平均质量比阻逐渐降低，在球形 $SiO_2$ 的用量为 4g 时，滤饼平均质量比阻达到 $4.58 \times 10^8 m/kg$。说明在本节中的试验条件下，球形 $SiO_2$ 有利于煤泥滤饼平均质量比阻的降低，进而减小了煤泥过滤的阻力。

综上所述，除了活性炭之外，其余的骨架构建体都可以不同程度上降低煤泥滤饼的平均质量比阻，减小了煤泥过滤的阻力，改善了过滤效果，与过滤速度的结果相吻合。

此外，本节中探索了不同骨架构建体类助滤剂对煤泥滤饼厚度的影响，具体方法是在过滤结束后，将滤饼取出，待其干燥后用游标卡尺测量厚度，在样品表面的不同位置处测量 3 次，并计算平均值，结果如图 3-61~图 3-65 所示。

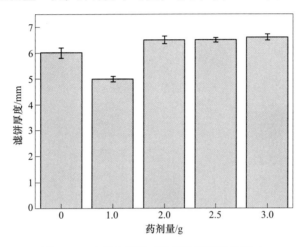

图 3-61 硅藻土用量对煤泥滤饼厚度的影响

由图 3-61 可知，在未添加药剂时，煤泥滤饼的厚度为 6mm。硅藻土的加入使煤泥滤饼的厚度有所增加，随着药剂用量的增加，滤饼厚度先减小后增加，在硅藻土的用量为 3g 时，滤饼厚度达到 6.6mm。说明在本节中的试验条件下，硅藻土在一定程度上改变了煤泥滤饼的厚度。

由图 3-62 可知，珍珠岩的加入使煤泥滤饼的厚度有所增加，随着药剂用量的增加，滤饼厚度逐渐增加，在珍珠岩的用量为 2.5g 时，滤饼厚度达到 8.5mm。说明在本节中的试验条件下，珍珠岩可以明显改变煤泥滤饼的厚度。珍珠岩对滤饼厚度的增加同样验证了珍珠岩颗粒间由于表面的凹凸不平会形成缝隙，同时也与其较小的堆密度相一致。

由图 3-63 可知，活性炭的加入使煤泥滤饼的厚度稍有增加，随着药剂用量的增加，滤饼厚度增加不明显，在活性炭的用量为 2g 时，滤饼厚度达到 6.5mm。说明在本节中的试验条件下，活性炭对煤泥滤饼的厚度没有明显影响。这也验证了活性炭中小颗粒的钻隙作用使得滤饼的厚度没有明显变化。

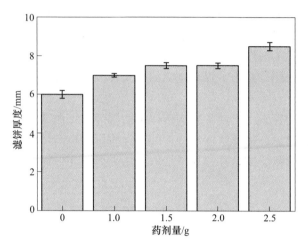

图 3-62　珍珠岩用量对煤泥滤饼厚度的影响

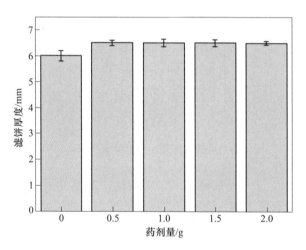

图 3-63　活性炭用量对煤泥滤饼厚度的影响

由图 3-64 可知，纤维素的加入使煤泥滤饼的厚度有所增加，随着药剂用量的增加，滤饼厚度先减小后增加，在纤维素的用量为 3g 时，滤饼厚度达到 7.3mm。说明在本节中的试验条件下，纤维素可以明显改变煤泥滤饼的厚度。由于纤维素可以吸水发生膨胀，所以纤维素的加入使得滤饼厚度明显增加。

由图 3-65 可知，球形 $SiO_2$ 的加入使煤泥滤饼的厚度有所增加，随着药剂用量的增加，滤饼厚度基本逐渐增加，在球形 $SiO_2$ 的用量为 4g 时，滤饼厚度达到 6.7mm，说明球形 $SiO_2$ 在一定程度上改变了煤泥滤饼的厚度。

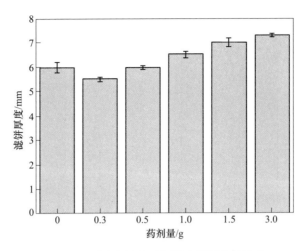

图 3-64　纤维素用量对煤泥滤饼厚度的影响

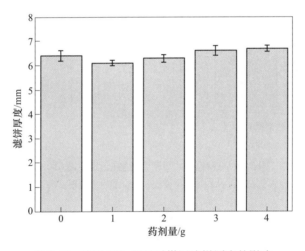

图 3-65　球形 SiO₂ 用量对煤泥滤饼厚度的影响

### 3.3.3　骨架构建体型助滤剂对煤泥滤饼结构的调控

由于骨架构建体基助滤剂在过滤过程中往往会形成可渗透且更坚硬的晶格结构，在机械脱水过程中可保持多孔性，所以探究不同骨架构建体对煤泥滤饼结构的影响十分必要。

由图 3-66 可知，加入硅藻土后，煤泥滤饼各层的孔隙率均明显增加；未加入骨架构建体时，煤泥滤饼的上表面、中间面、下表面和侧面的孔隙率分别为 6.79%、14.36%、17.30% 和 16.23%。随着硅藻土用量的增加，煤泥滤饼各层的孔隙率呈现出先增加后减小的趋势，当加入 100kg/t 的硅藻土时，各层的孔隙率

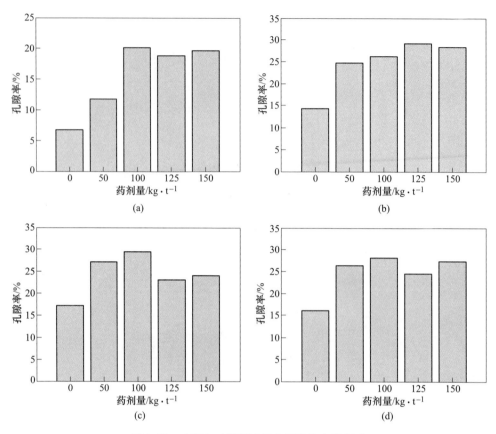

图 3-66 硅藻土对煤泥滤饼各层孔隙率的影响

（a）滤饼上表面；（b）滤饼中间面；（c）滤饼下表面；（d）滤饼侧面

达到最大值，滤饼上表面的孔隙率为 20.10%，比原样增加了 13.31 个百分点，滤饼中间面的孔隙率升高为 26.18%，比原样增加了 11.82 个百分点，滤饼下表面和侧面的孔隙率也分别增加了 12.16 个百分点和 12.01 个百分点，孔隙率的变化结果与过滤速度及滤饼平均质量比阻结果一致。硅藻土对煤泥滤饼孔隙率的改善归因于本身拥有的多孔结构，提高了滤饼孔隙率，改善了过滤效果。

由图 3-67 可知，加入珍珠岩后，煤泥滤饼各层的孔隙率均明显增加；未加入骨架构建体时，煤泥滤饼各层的孔隙率较小。随着珍珠岩用量的增加，煤泥滤饼各层的孔隙率呈现出逐渐增加的趋势，当加入 125kg/t 的珍珠岩时，各层的孔隙率基本达到最大值，滤饼上表面的孔隙率为 20.47%，比原样增加了 13.68 个百分点，滤饼中间面的孔隙率升高到 23.31%，比原样增加了 8.95 个百分点，滤饼下表面和侧面的孔隙率也分别增加了 7.68 个百分点和 7.47 个百分点，孔隙率的变化结果与过滤速度及滤饼平均质量比阻结果一致。珍珠岩对煤泥滤饼孔隙率

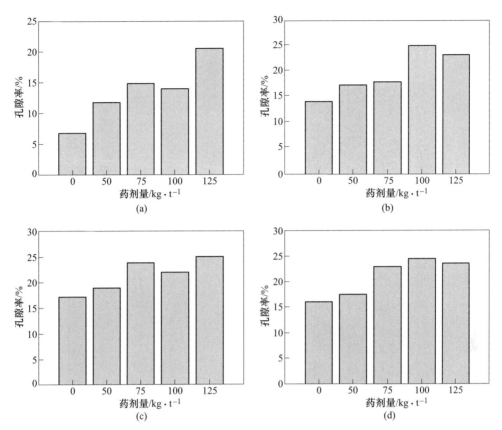

图 3-67 珍珠岩对煤泥滤饼各层孔隙率的影响

（a）滤饼上表面；（b）滤饼中间面；（c）滤饼下表面；（d）滤饼侧面

的改善归因于颗粒表面凹凸不平，锯齿状的颗粒在过滤过程中相互挤压咬合、连接形成粗糙的滤隙，提高了滤饼孔隙率，改善了过滤效果。

由图 3-68 可知，加入活性炭后，除了煤泥滤饼上表面的孔隙率有所增加外，其余各层的孔隙率均减小。这与过滤速度及滤饼平均质量比阻的变化相一致，即活性炭的加入不能明显提高滤饼孔隙率，因此不能降低滤饼平均质量比阻，提高煤泥水过滤速度。主要原因是本书中所用的活性炭粒度范围大，小颗粒数量很多，且多数集中在 10μm 以下，大颗粒的粒径大，但是数量少，这种两极分化严重的粒级配比不利于过滤的进行，因为在过滤过程中，微小颗粒会通过钻隙作用填充到大颗粒形成的孔隙中，进而形成更为致密的滤饼，降低滤饼孔隙率。虽然活性炭颗粒含有大量的孔隙，但是由 SEM 图像可以看出，试验所使用的活性炭的孔多为盲孔，这些盲孔对水分的流通起不到明显的作用。

由图 3-69 可知，加入纤维素后，煤泥滤饼各层的孔隙率均有所增加。变化

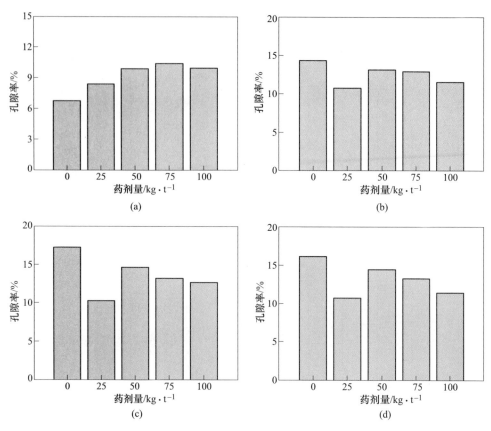

图 3-68　活性炭对煤泥滤饼各层孔隙率的影响

（a）滤饼上表面；（b）滤饼中间面；（c）滤饼下表面；（d）滤饼侧面

最为明显的是滤饼上表面。未加入骨架构建体时，煤泥滤饼各层的孔隙率较小。随着纤维素用量的增加，煤泥滤饼各层的孔隙率呈现出逐渐增加的趋势，当加入 75kg/t 的纤维素时，各层的孔隙率基本达到最大值，滤饼上表面的孔隙率为 17.73%，比原样增加了 10.94 个百分点，滤饼中间面的孔隙率升高为 22.87%，比原样增加了 8.51%；滤饼下表面和侧面的孔隙率也分别增加了 3.00 个百分点和 5.72 个百分点，孔隙率的变化结果与过滤速度及滤饼平均质量比阻结果一致。纤维素对煤泥滤饼孔隙率的改善归因于其纤维状结构，使得滤饼更加疏松多孔，此外，部分纤维素在过滤介质上方避免了过滤介质的堵塞，同样有利于过滤效率的提高。

　　由图 3-70 可知，加入球形 $SiO_2$ 后，煤泥滤饼各层的孔隙率均明显增加。未加入骨架构建体时，煤泥滤饼各层的孔隙率较小。随着球形 $SiO_2$ 用量的增加，煤泥滤饼各层的孔隙率呈现出逐渐增加的趋势，当加入 200kg/t 的球形 $SiO_2$ 时，

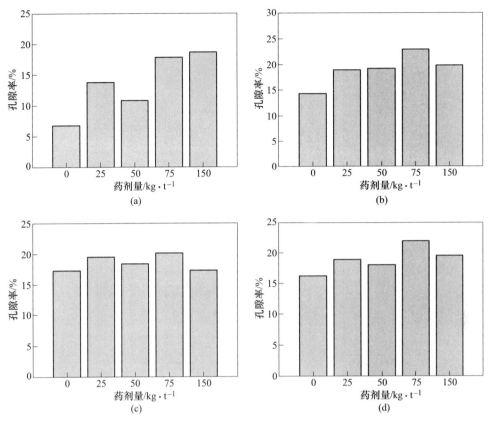

图 3-69 纤维素对煤泥滤饼各层孔隙率的影响

（a）滤饼上表面；（b）滤饼中间面；（c）滤饼下表面；（d）滤饼侧面

各层的孔隙率基本达到最大值，滤饼上表面的孔隙率为 18.49%，比原样增加了 11.70 个百分点；滤饼中间面的孔隙率升高为 29.36%，比原样增加了 15.00 个百分点；滤饼下表面和侧面的孔隙率也分别增加了 16.74 个百分点和 15.26 个百分点，孔隙率的变化结果与过滤效果一致。球形 $SiO_2$ 对煤泥滤饼孔隙率的改善一方面归因于球形 $SiO_2$ 在煤泥滤饼中起到很好的骨架支撑作用，大的颗粒粒度和窄的粒度范围使得滤饼的孔隙率增加，另一方面，颗粒的球形度越高，形成的滤饼结构更加均匀，更加规则，滤饼的孔隙率也越高，便于水分的排出，改善了过滤效果。这一结果与 Thapa 等人的结果相一致，通过使用褐煤对污泥进行预处理后，污泥滤饼的孔隙率显著提高，发现褐煤中的细孔和大孔在协助污泥脱水中起主要作用。本书中加入球形 $SiO_2$ 后，由于在压缩过程中重新排列了球形 $SiO_2$ 和煤泥颗粒，形成了较大的通道或孔，改善了滤饼孔隙率。

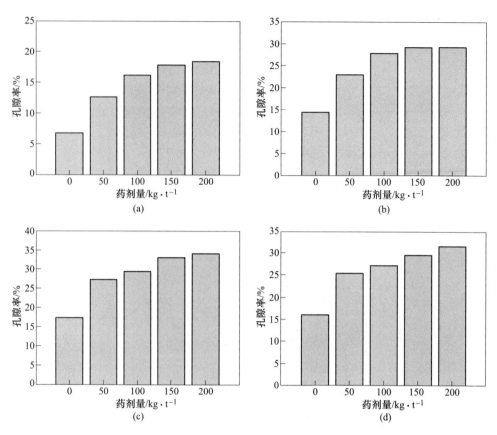

图 3-70   球形 $SiO_2$ 对煤泥滤饼各层孔隙率的影响

（a）滤饼上表面；（b）滤饼中间面；（c）滤饼下表面；（d）滤饼侧面

# 4 新型复合助滤剂对煤泥脱水效果的影响机理

由第 3 章可知阳离子表面活性剂 STAC 可以很好地降低煤泥滤饼水分，低分子量的阴离子聚丙烯酰胺 300 可以在一定程度上提高煤泥水过滤速度，降低滤饼水分。同时发现球形 $SiO_2$ 可以提高滤饼孔隙率，优化滤饼结构，进而改善煤泥水过滤效果。因此，本章将优化后的各个单一助滤剂组合起来，得到适用于煤泥水脱水的物理化学复合药剂。将化学助滤剂和物理调节剂联合使用，设计了 $SiO_2$ 基复合助滤剂，并考察了其对煤泥脱水的助滤效果。通过表面张力、接触角及 SEM 技术分析了复合药剂对煤泥脱水的促进作用，采用低场核磁共振技术探索了复合药剂对煤泥滤饼水分分布的影响，同时考察了煤泥滤饼的渗透率变化，明确了新型复合助滤剂对煤泥脱水的助滤机理。

本章设计的 $SiO_2$ 基新型复合助滤剂包括表面活性剂十八烷基三甲基氯化铵 STAC，相对分子质量为 300 万的阴离子型聚丙烯酰胺 APAM，疏水性的纳米级 $SiO_2$ 球（Nano-$SiO_2$）和微米级 $SiO_2$ 球（Micron-$SiO_2$）。其中，表面活性剂和聚丙烯酰胺均为分析纯药剂，Nano-$SiO_2$ 球的平均粒度为 500nm，Micron-$SiO_2$ 球的平均粒度为 150μm，二者的纯度均达到 99%。本章设计了 $SiO_2$ 基复合助滤剂（GH 型），同时将 FH 型复合药剂（无 $SiO_2$）作为对照组，进行了煤泥助滤试验。其中，FH 型复合药剂中 STAC 的用量为 500g/t，APAM 的用量分别为 50g/t、100g/t、200g/t、300g/t 和 400g/t，FH 型复合药剂分别用 FH$_1$、FH$_2$、FH$_3$、FH$_4$ 和 FH$_5$ 表示。$SiO_2$ 基复合助滤剂（GH 型）中，STAC 与 Nano-$SiO_2$ 球混合溶液（含 10% Nano-$SiO_2$ 球）用量为 500g/t，APAM 的用量为 200g/t，除了化学助滤剂之外，还加入了物理添加剂，Micron-$SiO_2$ 球的用量分别为 1g、2g、3g、4g、5g，$SiO_2$ 基复合助滤剂分别用 GH$_1$、GH$_2$、GH$_3$、GH$_4$ 和 GH$_5$ 表示。

## 4.1 新型复合助滤剂对煤泥过滤效果的影响

### 4.1.1 过滤速度的影响

本节探索了不同类型药剂作用下，煤泥过滤速度随时间的变化规律，结果如图 4-1 所示。

由图 4-1 可知，两种复合药剂的加入均可以提高煤泥水的过滤速度，并且随

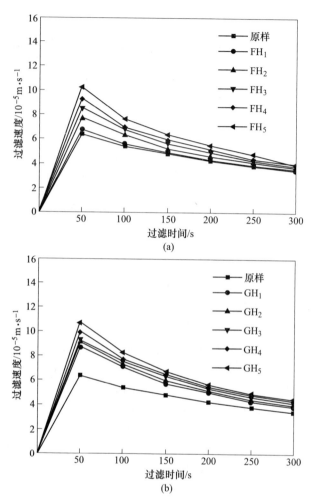

图 4-1　复合药剂对煤泥水过滤速度的影响

（a）FH 型复合药剂；（b）GH 型复合药剂

着药剂用量的增加，过滤速度越来越快。对于 FH 型复合药剂而言，加入 FH_5 后，煤泥水过滤速度达到最大值 $1.02 \times 10^{-6}$ m/s。但是相对于 FH 型复合药剂，GH 型复合药剂的加入，使得煤泥水的过滤速度增加更加明显，当加入复合药剂 GH_5 后，煤泥水过滤速度达到最大值 $1.10 \times 10^{-6}$ m/s，说明骨架构建体对煤泥水过滤效率的提高更加有利。

### 4.1.2　滤饼水分和平均质量比阻的影响

表 4-1 和表 4-2 分别为 FH 型复合药剂和 GH 型复合药剂作用下的煤泥滤饼水分和滤饼平均质量比阻。

表 4-1 FH 型复合药剂对煤泥滤饼水分及滤饼平均质量比阻的影响

| 药剂类型 | 滤饼水分/% | 滤饼平均质量比阻/$10^8 m \cdot kg^{-1}$ |
|---|---|---|
| 原样 | 32.5 | 6.78 |
| $FH_1$ | 31.3 | 6.86 |
| $FH_2$ | 31.0 | 5.70 |
| $FH_3$ | 30.1 | 5.09 |
| $FH_4$ | 31.4 | 5.01 |
| $FH_5$ | 32.7 | 4.75 |

表 4-2 GH 型复合药剂对煤泥滤饼水分及滤饼平均质量比阻的影响

| 药剂类型 | 滤饼水分/% | 滤饼平均质量比阻/$10^8 m \cdot kg^{-1}$ |
|---|---|---|
| 原样 | 32.5 | 6.78 |
| $GH_1$ | 30.6 | 4.95 |
| $GH_2$ | 30.2 | 4.91 |
| $GH_3$ | 29.6 | 4.54 |
| $GH_4$ | 28.7 | 3.93 |
| $GH_5$ | 28.1 | 3.81 |

由表 4-1 可知，随着 FH 型复合药剂用量的增加，煤泥滤饼水分先降低后升高，当加入复合药剂 $FH_3$ 后，滤饼水分达到最低值 30.1%，滤饼平均质量比阻逐渐降低，滤饼比阻与过滤速度具有较好的负线性关系，即比阻越小，煤泥过滤速度越快，这与肖航等人的研究结果一致。但是由于影响滤饼水分的因素较多，比如物料浓度、颗粒粒度、滤饼孔隙率、孔隙分布等，比阻仅是其主要因素之一，因此，滤饼水分与比阻的相关性不显著。另外，在本节中，滤饼水分的变化是由于 FH 型复合药剂中的表面活性剂在煤泥表面上的吸附提高了颗粒的疏水性，使得滤饼水分降低，但是随着 APAM 用量的增加，煤泥颗粒形成的絮团越来越大，由于大的絮团间会包裹水分子，限制水分子的排出，所以滤饼水分又有所增加。

由表 4-2 可知，随着 GH 型复合药剂用量的增加，煤泥滤饼水分逐渐降低，当加入复合药剂 $GH_5$ 后，滤饼水分达到最低值 28.1%，滤饼平均质量比阻随着 GH 型复合药剂用量的增加逐渐降低。对比两种复合药剂作用下的滤饼水分和比阻可以发现，GH 型复合药剂比 FH 型复合药剂的滤饼水分降低了 2.0 个百分点，更加有利于煤泥脱水。另外，由于往煤泥中加入了一定量的无机矿物 $SiO_2$，所以对脱水后的煤泥滤饼灰分进行了测试，发现煤泥的灰分增加了 1 个百分点左右，不会对后续煤泥的利用造成影响。

## 4.1.3 滤液表面张力的影响

试验所得的两种复合药剂及滤液的表面张力见表 4-3。

表4-3 FH型复合药剂和GH型复合药剂对滤液表面张力的影响

| 药剂类型 | 表面张力/mN·m⁻¹ | |
| --- | --- | --- |
| | 药剂溶液 | 滤液 |
| FH型复合药剂 | 35.8 | 69.1 |
| GH型复合药剂 | 36.1 | 69.2 |

由表4-3可知，FH型复合药剂和GH型复合药剂的表面张力分别为35.8mN/m和36.1mN/m，FH型复合药剂和GH型复合药剂的滤液表面张力分别为69.1mN/m和69.2mN/m，已知超纯水在25℃时的表面张力为72.2mN/m，相对于不加药剂的超纯水而言，加入两种复合药剂后，滤液表面张力的降低可以减小水分排出所需要的压差，进而有利于脱水的进行。从药剂溶液表面张力与滤液表面张力的差异可以推断出，大部分药剂吸附在颗粒的固液界面，因而改变煤泥颗粒表面的亲疏水性，这也是表面活性剂有助于脱水的又一重要原因，这一点将在下面进行讨论。

## 4.2 STAC与Nano-SiO₂球的协同疏水作用

### 4.2.1 复合助滤剂对煤泥润湿性的影响

颗粒的亲疏水性对过滤脱水有很大的影响，本节用接触角来表示煤泥颗粒的亲疏水性。图4-2为两种复合药剂对煤泥接触角的影响。

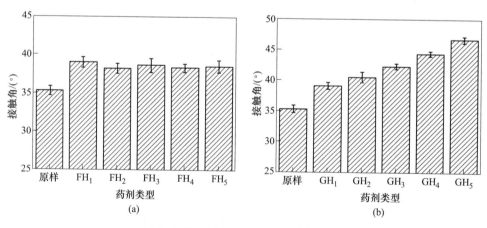

图4-2 两种复合药剂对煤泥接触角的影响

（a）FH型复合药剂；（b）GH型复合药剂

从图4-2（a）可知，FH型复合药剂可以在一定程度上增加颗粒表面的疏水性，但是随着 FH 型复合药剂中聚丙烯酰胺用量的增加，煤泥颗粒的亲疏水性变化不大。从图 4-2（b）可知，随着 GH 型复合药剂中 Micron-SiO$_2$ 球用量的增加，煤泥滤饼表面的疏水性逐渐增加，由于 Micron-SiO$_2$ 球属于物理添加剂，所以它的加入会改变煤泥滤饼的组成，当加入一定量的疏水性的 Micron-SiO$_2$ 球后，煤泥中疏水性的物质比例增加，因而煤泥滤饼的整体疏水性提高，根据 Laplace-Young 方程可知，样品接触角的增大同样有利于水分的排出。

## 4.2.2　SEM-EDS 分析

为了确定 Nano-SiO$_2$ 球对煤泥颗粒表面的疏水改性作用，对 GH 型复合药剂作用下煤泥滤饼进行了 SEM-EDS 分析，其中图 4-3 是代表性结果。

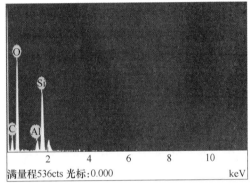

图 4-3　煤泥表面 Nano-SiO$_2$ 的 SEM 图像和 EDS 分析

从 SEM 图像可以明显地看出，纳米级球形颗粒吸附在煤泥颗粒表面。EDS 分析表明 O 和 Si 是球形颗粒的主要元素，因此，该球形颗粒可以被判定为 Nano-SiO$_2$ 球。结合过滤试验结果，可以得出疏水性 Nano-SiO$_2$ 球可以吸附在亲水性的煤泥颗粒表面，对煤泥颗粒表面具有疏水改性作用，进而降低了滤饼水分。

除了疏水性 Micron-SiO$_2$ 球对煤泥滤饼润湿性的改善外，GH 型复合药剂中含有的表面活性剂 STAC 和疏水性 Nano-SiO$_2$ 球同样对煤泥滤饼的润湿性有很大的影响。表面活性剂 STAC 和 Nano-SiO$_2$ 球对煤泥表面的协同疏水改性机理示意图如图 4-4 所示，在没有 Nano-SiO$_2$ 球的情况下，STAC 的大部分极性头基与煤泥表面的亲水部分作用，疏水尾链朝向水中，使得煤泥表面亲水性降低。加入疏水性 Nano-SiO$_2$ 球后，一方面 Nano-SiO$_2$ 球可以吸附在煤泥表面，形成微-纳米粗糙结构，进而提高煤泥的疏水性，因为疏水纳米颗粒表面存在大量不饱和羟基，所以疏水纳米颗粒主要靠范德华作用和氢键作用突破水化层后吸附在煤泥表面；另一方面，疏水性的纳米级 SiO$_2$ 球可以吸附在 STAC 的疏水尾链上，使得 STAC 的亲水基更加定向排列在煤泥表面，进而协同提高煤泥颗粒的疏水性。

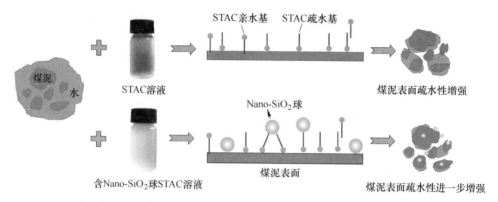

图 4-4　STAC 和 Nano-SiO$_2$ 球对煤泥表面的协同疏水改性机理示意图

# 4.3　低场核磁共振分析复合药剂对煤泥滤饼水分分布的影响

### 4.3.1　煤泥滤饼水分 $T_2$ 特征图谱

低场核磁共振 $T_2$ 特征图谱是对煤泥滤饼中所有水分子运动性的描述，根据核磁共振原理可知，$T_2$ 的大小反映滤饼中水分子的自由度大小，$T_2$ 值越小，说明水分子的自由度越小，受环境的束缚作用越强，随着 $T_2$ 值的增加，水分子的自由度增加。结合煤中水分的分类方法及图 4-5 中低场核磁共振 $T_2$ 特征图谱，本

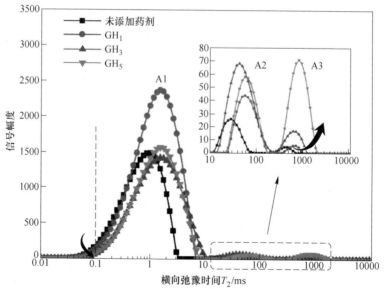

图 4-5　表面水消失后煤泥滤饼水分 $T_2$ 特征图谱

节将煤泥滤饼中的水分分别定义为吸附水、束缚水和自由水。其中弛豫时间 $T_2 < 0.1$ ms 的水为吸附水，弛豫时间 $T_2$ 在 $0.1 \sim 10$ ms 的水为束缚水，吸附水和束缚水的峰积分面积用 A1 代表，积分面积代表了水分相对含量；弛豫时间 $T_2 > 10$ ms 的水为自由水，由图 4-5 可知，自由水出现了两个峰，其峰积分面积分别用 A2 和 A3 代表。表 4-4 中记录了在不同药剂作用下，煤泥滤饼水分的 $T_2$ 图谱信息。

由图 4-5 可知，随着 GH 型药剂用量的增加，煤泥滤饼中的吸附水含量降低。结合表 4-4 中的 $T_2$ 图谱信息可知，在没有添加药剂时，煤泥滤饼水分中的吸附水和束缚水的峰顶点时间为 1ms，加入 GH 型药剂后，吸附水和束缚水的峰顶点时间增加为 1.52ms，说明 GH 型药剂可以增加煤泥滤饼中吸附水和束缚水的自由度。

表 4-4　表面水消失后煤泥滤饼水分的 $T_2$ 图谱信息

| 药　剂 | 水　分 | 峰符号 | $T_2$/ms | 峰顶点时间/ms | 峰面积 |
|---|---|---|---|---|---|
| 未添加药剂 | 吸附水+束缚水 | A1 | $0.01 \sim 3.511$ | 1.000 | 22870.208 |
| | 自由水 | A2+A3 | $12.328 \sim 75.646$ $231.012 \sim 613.590$ | 28.480/464.158 | 217.209 |
| $GH_1$ | 吸附水+束缚水 | A1 | $0.01 \sim 7.055$ | 1.520 | 39131.502 |
| | 自由水 | A2+A3 | $21.544 \sim 174.753$ $305.386 \sim 1072.267$ | 57.224/705.480 | 396.986 |
| $GH_3$ | 吸附水+束缚水 | A1 | $0.01 \sim 10.723$ | 1.520 | 25568.420 |
| | 自由水 | A2+A3 | $14.175 \sim 231.013$ $265.609 \sim 1232.847$ | 43.288/613.591 | 803.450 |
| $GH_5$ | 吸附水+束缚水 | A1 | $0.01 \sim 8.111$ | 1.520 | 26175.473 |
| | 自由水 | A2+A3 | $21.544 \sim 174.753$ $305.386 \sim 2154.435$ | 57.224/811.131 | 1030.046 |

### 4.3.2　新型复合助滤剂对煤泥滤饼水分赋存状态的影响

为了进一步分析复合药剂对煤泥滤饼水分分布状态的影响，根据 $T_2$ 图谱信息将添加药剂前后滤饼中的自由水、吸附水和束缚水的含量进行计算，得到图 4-6。

由图 4-6 可知，随着 GH 药剂量的增加，煤泥滤饼中吸附水和束缚水的含量从 99.059% 降低至 96.214%，自由水的含量从 0.941% 升高至 3.786%，说明 GH 型药剂可以改变煤泥滤饼中水分的分布状态。这是由于表面活性剂和疏水性纳米 $SiO_2$ 的存在，可以降低煤泥颗粒表面的润湿性，进而降低吸附水的含量。聚丙烯酰胺可以促进微细煤泥颗粒团聚，促进滤饼中大孔隙的形成。此外，微米级 $SiO_2$

球在滤饼中起到了骨架构建体的作用，在煤泥滤饼中形成了坚硬的网络骨架，保持了水分的流动通道，因而降低了束缚水的含量。总的来说，GH 型药剂可以将煤泥滤饼中的部分吸附水和束缚水转化成自由水，然后通过进一步的机械过滤降低滤饼的水分。

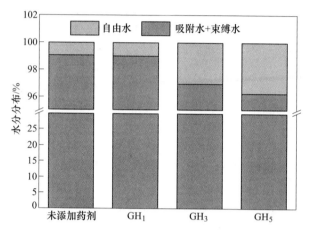

图 4-6　GH 型药剂对煤泥滤饼水分状态的影响

## 4.4　新型复合助滤剂对煤泥滤饼渗透率的影响

随着过滤的进行，煤泥滤饼逐渐形成，随后便会进入滤饼压榨阶段，通常情况下，滤饼都有一定的可压缩性，在滤饼上进一步施加负压会压缩滤饼，从而降低滤饼的渗透性，直到达到平衡阶段。渗透性是通常用于量化脱水速率的基本性质。它是一种固有的材料特性，因此可以针对不同的处理条件和几何形状直接进行比较。可压缩滤饼的平衡渗透率 $K$ 可以利用达西定律通过使液体流过滤饼来确定，方程如下：

$$K = \frac{Q\mu L}{A\Delta P} \tag{4-1}$$

式中　$Q$——体积流量，$m^3/s$；

　　　$\mu$——流体黏度，$Pa \cdot s$；

　　　$L$——滤饼厚度，m；

　　　$A$——流动面积，$m^2$；

　　　$\Delta P$——流体压降，Pa。

通常情况下，煤泥的过滤过程可以分为滤饼形成阶段和滤饼压缩阶段，滤饼压缩阶段水分排出的难易程度取决于滤饼的渗透率，滤饼的渗透率大小不仅与滤饼颗粒骨架性质有关，而且受孔隙结构的影响。根据方程（4-1），计算得出煤泥滤饼渗透率随着两种复合药剂的变化，结果如图 4-7 所示。

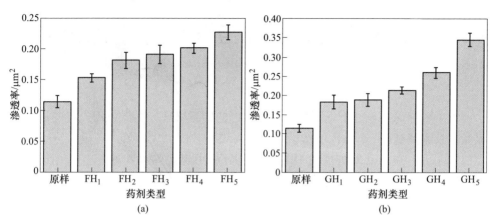

图 4-7　复合药剂对煤泥滤饼渗透率的影响

（a）FH 型复合药剂；（b）GH 型复合药剂

由图 4-7 可知，煤泥滤饼本身的渗透率很低，严重制约滤饼压缩阶段水分的流出。加入复合药剂后，煤泥滤饼的渗透率随着药剂量的增加呈增加趋势，而且 GH 型复合药剂对煤泥滤饼渗透率的改善更加明显。在 GH 型复合药剂的用量为 325kg/t 时，煤泥滤饼的渗透率增加至 $0.34\mu m^2$，相比于原始滤饼，渗透率增加了 $0.23\mu m^2$。这可能是 GH 型复合药剂中的 Micron-$SiO_2$ 球对煤泥滤饼起到了骨架支撑作用，降低了滤饼的可压缩性，提高了渗透率。

# 5 药剂与煤泥间的相互作用力及吸附行为

为了更加深入地分析不同助滤剂对煤泥的助滤机理，本章采用先进的原子力显微镜技术测试了不同 pH 值作用下，煤与煤颗粒间、煤与聚丙烯酰胺分子间的原位作用力，并且借助扩展的 DLVO 理论分析了煤泥颗粒间的相互作用能。另外，通过原子力显微镜研究了表面活性剂在煤泥表面的吸附形态及吸附方式，利用分子模拟技术研究了水溶液中表面活性剂与煤泥之间的相互作用，以期更好地解释化学助滤剂对煤泥过滤脱水的影响机理。

## 5.1 原子力显微镜测试准备

在过去的几十年中，原子力显微镜（AFM）已经发展成为表征胶体和界面科学中的纳米材料必不可少的工具。在成像方面，安装在悬臂末端附近的尖锐探针在样品表面上进行扫描，以提供高分辨率的三维地形图。此外，AFM 尖端还可用作力传感器，以检测局部特性，如附着力、刚度、电荷等。在胶体探针技术发明之后，它也已成为测量表面力的主要方法。近年来，国内外学者逐渐将原子力显微镜技术应用到矿物加工领域，利用原子力显微镜技术，不仅可以对纯矿物表面进行成像，例如云母、方铅矿、辉钼矿和页硅酸盐，可以容易地将它们全部劈开，还可以分析药剂分子在固体表面的吸附形貌及单分子力信息。另外，可以利用 AFM 尖端获得矿物表面的电性、润湿性，经过对 AFM 探针进行特定的修饰之后，还可以获得颗粒与颗粒间、颗粒与气泡间的相互作用力，为解决矿物加工领域的关键科学问题提供了更为深刻的认识。

### 5.1.1 原子力显微镜测试原理

1982 年，扫描隧道显微镜（STM, Scanning Tunneling Microscope）的问世轰动了科学界，这是第一种能在原子尺度真实反映材料表面信息的仪器，它利用探针和导电表面之间随距离成指数变化的隧穿电流进行成像，使人们第一次能够实时地观察单个原子在物质表面的排列状态和与表面电子行为有关的物理、化学性质，在表面科学、材料科学、生命科学等领域的研究中有着重大的意义和广阔的应用前景，被科学界公认为 20 世纪 80 年代世界十大科技成就之一。STM 的发明人，IBM 公司苏黎世实验室的 Binnig 和 Rohrer，于 1986 年被授予诺贝尔物理学奖。

经典物理学认为，物体越过势垒，有一阈值能量；粒子能量小于此能量则不能越过，大于此能量则可以越过。例如骑自行车过小坡，先用力骑，如果坡很低，不蹬自行车也能靠惯性过去。如果坡很高，不蹬自行车，车到一半就停住，然后退回去。而量子力学则认为，即使粒子能量小于阈值能量，很多粒子冲向势垒，一部分粒子反弹，还会有一些粒子能过去，好像有一个隧道，故名隧道效应（quantum tunneling）。可见，宏观上的确定性在微观上往往就具有不确定性。虽然在通常的情况下，隧道效应并不影响经典的宏观效应，因为隧穿概率极小，但在某些特定的条件下宏观的隧道效应也会出现。图 5-1 是古典力学与量子力学的区别示意图。

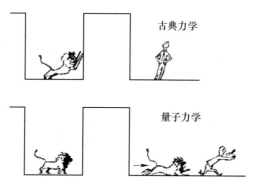

图 5-1　古典力学与量子力学的区别示意图

但 STM 的工作原理决定了它只能对导电样品的表面进行研究，而不能对绝缘体表面进行检测。为了弥补 STM 这一不足，1986 年 IBM 公司的 Binnig 和斯坦福大学的 Quate 及 Gerber 合作发明了原子力显微镜（AFM，Atomic Force Microscope）。AFM 可以在真空、大气甚至液下操作，既可以检测导体、半导体表面，也可以检测绝缘体表面，因此迅速发展成研究纳米科学的重要工具。

在 STM 和 AFM 的基础上，又相继发展出了近场光学显微镜（SNOM，Scanning Near Field Optical Microscope）、扫描电容显微镜（SCM，Scanning Capacitive Microscope）、磁力显微镜（MFM，Magnetic Force Microscope）、横向力显微镜（LFM，Lateral Force Microscope）、静电力显微镜（EFM，Electrostatic Force Microscope）、开尔文探针显微镜（KFM，Kelvin Probe Force Microscope）等，这类基于扫描探针成像的显微仪器统称为扫描探针显微镜（SPM，Scanning Probe Microscope）。

SPM 具有以下独特的优点：原子级的高分辨率、实时成像、可以直接研究表面局域性质。它是一种跨越了光学显微镜和电子显微镜两类仪器工作范围的精密成像仪器，同时也是一种具有极高分辨率的表面性质测量仪器。得益于 SPM 丰富的工作模式，它被广泛应用于科学研究的各个领域，从基础的表面形貌表征到材料表面的性质分析，从材料科学到生命科学，SPM 已经逐步演化为研究纳米科学的不可或缺的重要工具。

　　SPM 是一类仪器的统称，最主要的 SPM 是 STM 和以 AFM 为代表的扫描力显微镜（SFM，Scanning Force Microscope）。SPM 的两个关键部件是探针（probe）和扫描管（scanner），当探针和样品接近到一定程度时，如果有一个足够灵敏且随探针-样品距离单调变化的物理量 $P = P(z)$，那么该物理量可以用于反馈系统（FS，Feedback System），通过扫描管的移动来控制探针-样品间的距离，从而描绘材料的表面性质。

　　以形貌成像为例，为了得到表面的形貌信息，扫描管控制探针针尖在距离样品表面足够近的范围内移动，探测两者之间的相互作用，在作用范围内，探针产生信号来表示随着探针-样品距离的不同相互作用的大小，这个信号称为探测信号（detector signal）。为了使探测信号与实际作用相联系，需要预先设定参考阈值（setpoint），当扫描管移动使得探针进入成像区域中时，系统检测探测信号并与阈值比较，当两者相等时，开始扫描过程。扫描管控制探针在样品表面上方精确地按照预设的轨迹运动，当探针遇到表面形貌的变化时，由于探针和样品间的相互作用变化了，导致探测信号改变，因此与阈值产生一个差值，称为误差信号（error signal）。SPM 使用 Z 向反馈来保证探针能够精确跟踪表面形貌的起伏。Z 向反馈回路连续不断地将探测信号和阈值相比较，如果两者不等，则在扫描管上施加一定的电压来增大或减小探针与样品之间的距离，使误差信号归零。同时，软件系统利用所施加的电压信号来生成 SPM 图像。

　　具体到轻敲模式 AFM，可以把整个扫描过程表述如下：系统以悬臂振幅作为反馈信号，扫描开始时，悬臂的振幅等于阈值，当探针扫描到样品形貌变化时，振幅发生改变，探测信号偏离了阈值而产生了误差信号。系统通过 PID 控制器消除误差信号，引起扫描管的运动，从而记录下样品形貌。整个 AFM 系统如图 5-2 所示。

### 5.1.2　药剂吸附的形貌测试

　　高岭石（001）和（00$\bar{1}$）面之间的电荷特性和润湿性的差异导致固液分离效果和试剂作用机理的变化。因此，有必要研究药剂与高岭石不同晶面之间的相互作用机理。然而，由于其极细的粒径，因此难以获得高岭石（001）和（00$\bar{1}$）面。Franks 和 Meagher 报道氧化铝（$\alpha$-$Al_2O_3$（0001））的等电点（$i_{ep}$）在 pH 值5.0~6.0 的近似范围内，与 Gupta 和 Miller 报道的高岭土氧化铝八面体结果相似。Wang 等人研究了 Al-PAM、Fe-PAM 和 H-PAM 在二氧化硅和氧化铝上的吸附特性，用来近似估算这些药剂在高岭石（001）和（00$\bar{1}$）面上的吸附。因此，在

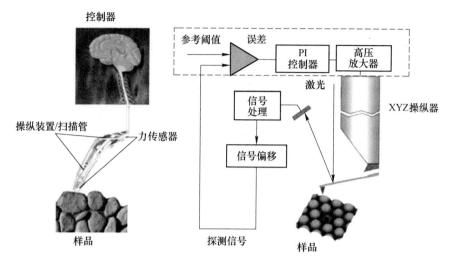

图 5-2　原子力显微镜工作原理示意图

本节的研究中，分别使用 $SiO_2$ 和氧化铝（$\alpha\text{-}Al_2O_3(0001)$）晶片来模拟高岭石的四面体硅氧面（$00\bar{1}$）和八面体铝氧面（001）。另外，通过切割、粗磨和细磨及抛光来制备煤基质。$SiO_2$、氧化铝（$\alpha\text{-}Al_2O_3(0001)$）晶片及煤基质的 AFM 图像如图 5-3 所示。用原子力显微镜胶体探针技术测得 $SiO_2$、氧化铝（$\alpha\text{-}Al_2O_3(0001)$）晶片及煤基质的粗糙度 $R_a$ 仅为 2.43nm、0.64nm、3.92nm，对表面活性剂的吸附结构影响很小。

在实验之前，所有样品（煤基质、$SiO_2$ 和氧化铝晶片）均在 1%~2% 的超声皂液、乙醇和超纯水中清洗，以去除污染物。将清洗过的样品浸入 0.35mmol/L STAC 溶液中 30min，使测试表面朝下放入溶液中，以避免 STAC 可能在重力作用下沉积在样品表面上。然后将处理过的样品从溶液中取出，并用超纯水轻轻冲洗，以从其表面去除多余的 STAC 分子。最后，将制备的样品用纯氮气干燥。AFM 图像由具有 Nanoscope V 控制器的 Bruker MultiMode 8 在 ScanAsyst-air 模式下收集。据报道，ScanAsyst 模式是一种基于峰值力优化的 AFM 成像模式。在每个样品表面选取 5 个不同的位置进行测量，然后选取代表性的 AFM 图像。以 1Hz 速率进行图像扫描，以 256×256 像素获得面积为 5μm×5μm 的图像。本节中使用的探针是 ScanAsyst Air 氮化硅探针（标称共振频率 50~90kH，标称弹簧常数 0.4N/m，标称尖端半径 10nm；厂家为美国布鲁克公司）。

### 5.1.3　颗粒间的力学测量

原子力显微镜已被广泛用于测量液体介质中胶体颗粒与表面之间的相互作用力。在实验中，煤基质和煤颗粒之间的相互作用力是通过 Multimode 8（美国布

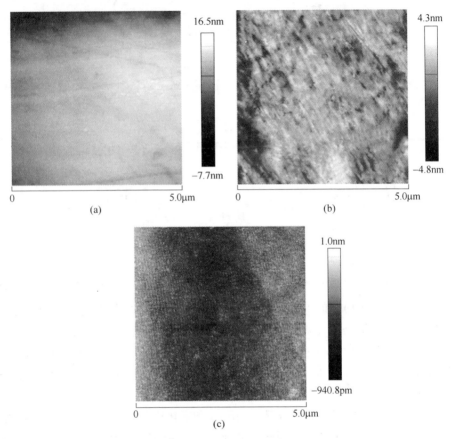

图 5-3　煤基质、SiO$_2$ 和氧化铝的 AFM 图像

(a) 煤基质；(b) SiO$_2$；(c) 氧化铝

鲁克公司）在接触模式下测量的，实验设置和原理图如图 5-4 所示。为了制备煤改性探针，在 Leica 光学显微镜下使用环氧树脂将煤颗粒胶粘到三角形无尖头悬臂的顶点。在实验之前，所有样品均在 1%~2%的超声皂液、乙醇和超纯水中清洗，以去除污染物。在测量之前，通过系统功能校准了煤改性探针的挠度灵敏度（deflection sensitivity）和弹性系数（spring constant）。然后，将不同 pH 值条件下的 Magnafloc5250 絮凝剂（$10 \times 10^{-9}$）的溶液注入液体测量池中，并保持 30min 以达到稳定。在煤样表面选取 5 个不同的位置进行测量，然后通过 NanoScope Analysis 软件分析获得力学结果，并通过拟合 50 条力曲线来计算黏附力分布。值得注意的是，由于 AFM 力学测试中的煤颗粒形状不规则，未对煤改性探针的尺寸进行归一化而直接描述了测得的力（nN）。

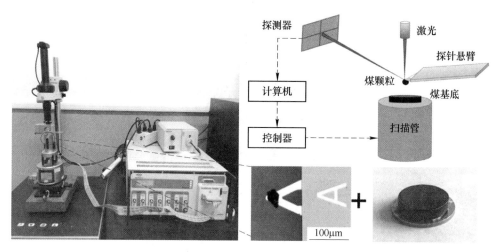

图 5-4 Multimode 8AFM 仪器和两个煤表面之间的力测量示意图

# 5.2 助滤剂与煤泥之间的 AFM 原位作用力

煤是非均质混合物，主要由有机大分子基质和小分子不同程度地交联，即小分子阶段嵌入式或吸附在这个大分子网络中，煤的具体构造仍存在争议。作为煤泥水中的主要物质之一，煤与聚丙烯酰胺的相互作用对煤泥水的处理意义重大。煤的表面荷负电，—OH 基团是煤表面 Zeta 电位密切相关的负电性官能团，煤在自然和加工过程中，在煤的表面发生物理化学变化，经过氧化以后，煤表面的—CH—、—CH$_2$—和—CH$_3$ 等结构部分会转变为醇羟基、醛基、酮基和羧基，使煤的表面电负性增强。不同的 pH 值作用下，煤表面电性不同，不仅影响煤颗粒间的相互作用，同时与聚丙烯酰胺之间的作用也相差很大。

本节主要研究不同 pH 值作用下，阴离子聚丙烯酰胺 5250 与细粒煤的相互作用。聚丙烯酰胺 5250 是高度分支的聚丙烯酰胺分子，本节利用原子力显微镜技术测试了其分子形貌，如图 5-5 所示。

图 5-6 为煤颗粒的 Zeta 电位与 pH 值的关系。在 pH 值为 2 时，煤的 Zeta 电位接近于 0，表明煤的等电点为 pH 值约等于 2，在研究的 pH 值范围内，煤颗粒显示负电荷。负电荷的绝对值随着 pH 值的增加而迅速增加。煤的 Zeta 电位迅速下降的原因为电势决定离子——H$^+$和 OH$^-$。

## 5.2.1 扩展的 DLVO 理论计算

胶体分散是指两相体系在宏观层面表现为均匀分布，但在微观尺度层面的表现则相反，即被分散相宏观上均匀地分布于另一连续相中，分散相的尺度在

图 5-5 高度分支的 Magnafloc5250 絮凝剂的 AFM 图像

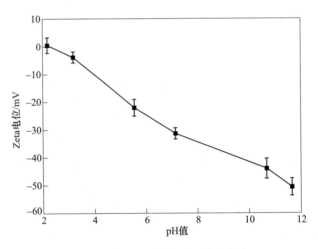

图 5-6 不同 pH 值作用下煤的电位

1nm～1μm。例如颗粒或油滴均匀地分散在水中。若两个胶体颗粒相互吸引，则发生凝聚；反之，则相互分散。经典的 DLVO 理论可以完美解释胶体颗粒之间的凝聚与分散行为。近年来，不少研究者引入 DLVO 理论用以解释矿物颗粒之间的凝聚与分散，但矿物颗粒的粒度一般都在几微米至几百微米之间，已经超出了胶体颗粒的粒度范围。因此，理论上只有粒度小于 1μm 的极细矿物颗粒才适用DLVO 理论。

为了进一步确定 pH 值对煤颗粒之间相互作用的影响，计算了扩展的 DLVO理论。由于煤颗粒是天然的疏水性矿物，除了经典 DLVO 理论中包含的范德华力和静电力外，还应考虑疏水力对颗粒聚集行为的影响。疏水作用是系统的熵变化，这是疏水表面上水分子的结构重排所致。当两个表面彼此靠近时，水分子的进一步结构重排会导致疏水性相互作用，其作用范围比任何键都大。

扩展的 DLVO 胶体稳定性理论可以描述为

$$E_{\text{EDLVO}} = E_{\text{vdw}} + E_{\text{edl}} + E_{\text{H}} \tag{5-1}$$

式中，$E_{\text{EDLVO}}$ 为总相互作用能；$E_{\text{vdw}}$ 为范德华相互作用能；$E_{\text{edl}}$ 为双层相互作用能；$E_{\text{H}}$ 为煤颗粒之间的疏水相互作用能。

范德华力源于非理想气体的著名范德华状态方程。范德华力由 3 个不同但相关的分量组成，主要包括：随机定向的偶极子之间的 Keesom（定向）相互作用，随机取向的偶极子与感应偶极子之间的 Debye（诱导）相互作用及波动偶极子与感应偶极子之间的 London（色散）相互作用。分子之间这三种相互作用力与分子间距的 7 次方成反比。水溶液中物体之间范德华相互作用的净力主要由分散相互作用决定。两个宏观物体之间的范德华相互作用即为两个宏观物体中的所有分子间的范德华作用力的加和。两个宏观物体间的范德华作用能计算公式见表 5-1。

表 5-1　不同形状物体间范德华作用能计算公式

| 几何形状 | 范德华相互作用能 |
|---|---|
| 面-面 | $-\dfrac{A}{12\pi h^2}$（单位面积） |
| 厚度为 $t_1$ 和 $t_2$ 的两个平板 | $-\dfrac{A}{12\pi h^2}\left[1 + \dfrac{h^2}{(h+t_1+t_2)^2} - \dfrac{h^2}{(h+t_1)^2} - \dfrac{h^2}{(h+t_2)^2}\right]$（单位面积） |
| 球-面 | $-\dfrac{A}{6}\left[\dfrac{R}{h} + \dfrac{R}{h+2R} + \ln\dfrac{h}{h+2R}\right]$ <br><br> $-\dfrac{AR}{6h}(h \ll R)$ |
| 球-球 | $-\dfrac{A}{6h}\dfrac{R_1 R_2}{R_1 + R_2}(h \ll R_1,\ R_2)$ |
| 两个平行放置的圆柱体 | $-\dfrac{AL}{12h^{3/2}}\left[\dfrac{R_1 R_2/2}{R_1 + R_2}\right]^{1/2}(h \ll R,\ L\ 为圆柱体的长度)$ |
| 两个交叉的圆柱体 | $-\dfrac{A}{6h}\sqrt{R_1 R_2}(h \ll R)$ |

注：$A$ 代表哈马克常数，J；$h$ 代表两个物体间的最短距离，m；$R$ 代表球的半径，m。

在计算颗粒间的相互作用时，通常将颗粒看成是球形颗粒进行计算，本节中将煤颗粒看作球形，半径为 $10\mu m$，由于实际试验中煤颗粒是不规则的，因而本节计算得到的颗粒间相互作用只是理论值。两个球形粒子之间的范德华相互作用能可以表示为

$$E_{\text{vdw}} = -\frac{A}{6h}\frac{R_1 R_2}{R_1 + R_2} \tag{5-2}$$

式中，$h$ 表示两个粒子之间的最短距离，m；$R_1$ 和 $R_2$ 为球体的半径，m；$A$ 代表

Hamaker 常数 J，它基于 Lifshitz 理论，考虑了分离距离和电解质对电磁延迟条件的影响，定义为

$$A_{132}(\kappa, h) = A_{132}^0(1 + 2\kappa h)\,e^{-2\kappa h} + A_{132}^\xi(h) \tag{5-3}$$

式中，$\kappa$ 为德拜长度的倒数，nm。

Hamaker-Lifshitz 函数的零频率项 $A^0$ 是颗粒和水的静态介电常数的函数，可以描述为

$$A_{132}^0 = \frac{3k_B T}{4} \tag{5-4}$$

式中，$k_B$ 为玻耳兹曼常数，$1.3807 \times 10^{-23}$ J/K；$T$ 为绝对温度，K。

非零频率项 $A_{132}^\xi(h)$ 说明了电磁波传播速度受限所产生的电磁延迟效应，它表示为

$$A_{132}^\xi(h) = \frac{3\hbar\omega}{8\sqrt{2}} \frac{(B_1 - B_3)(B_2 - B_3)}{B_1 - B_2} \left[ \frac{I_2(h)}{\sqrt{B_2 + B_3}} - \frac{I_1(h)}{\sqrt{B_1 + B_3}} \right] \tag{5-5}$$

式中　$\hbar$——普朗克常数，$6.6260755 \times 10^{-34}$ J·s；

$\omega$——物质的紫外吸收频率，约 $3 \times 10^{15}$ s$^{-1}$；

$B$——折射率的平方（煤的折射率为 1.78，水的折射率是 1.333）。

考虑电磁迟滞的函数 $I(h)$ 表达式如下

$$I(h) = [1 + (h/\lambda)^q]^{-1/q} \tag{5-6}$$

式中，$q = 1.185$；特征波长 $\lambda$ 以长度单位测量为

$$\lambda = \frac{c}{\pi^2 \omega} \sqrt{\frac{2}{B_3(B_1 + B_3)}} \tag{5-7}$$

式中，$c$ 为真空中的光速，$2.998 \times 10^8$ m/s。

在水中，矿物颗粒通过多种机制获得表面电荷，这会改变自由离子的分布并与周围溶液达到某种化学平衡。最重要的机制是离子在表面的吸附和解吸及表面基团的电离或离解。在溶液中，存在始终与表面相互作用的离子，称为电势确定离子。也有不与表面相互作用的离子，被称为（无表面活性）无差异离子。以某种特殊的方式与表面相互作用的离子被称为特定吸附的离子。与表面带有相反电荷的离子（称为抗衡离子）被库仑力吸引到表面。这些离子还受热力驱动，在整个溶液中均匀混合和扩散。因此，形成了围绕带电表面的离子扩散层，带电的表面和扩散层形成双电层。

电双层力的性质是库仑相互作用，而电双层相互作用能是纸浆中颗粒之间的重要相互作用。双电层相互作用能的大小取决于矿物颗粒表面上的电荷机理。当施加恒定的表面电荷时，两个矿物颗粒之间的双电层相互作用可以表示为

$$E_{edl} = \pi \varepsilon \varepsilon_0 \frac{R_1 R_2}{R_1 + R_2} [4\psi_1 \psi_2\, atanh(e^{-\kappa h}) - (\psi_1^2 + \psi_2^2)\ln(1 - e^{-2\kappa h})] \tag{5-8}$$

式中  $\varepsilon_0$——真空的介电常数，$8.854187817 \times 10^{-12}\,\mathrm{F/m}$；

   $\varepsilon$——溶液的相对介电常数（介电常数），在 298K 下对于水为 78.54；

  $\psi_1$，$\psi_2$——颗粒的表面 Zeta 电势。

大量研究表明，疏水作用在矿物脱水领域中起着至关重要的作用。对于疏水力和相互作用距离之间的关系，没有理论推导公式。现在，这些计算是基于实验研究得出的疏水吸引力和相互作用距离之间的关系。

颗粒间的疏水作用势能可以表示为

$$V_H = -2.51 \times 10^{-3} R k_1 h_0 e^{-h/h_0} \tag{5-9}$$

式中  $R$——颗粒的半径，m；

  $k_1$——不完全表面疏水性系数，有

$$k_1 = \frac{e^{\theta/100} - 1}{e - 1} \tag{5-10}$$

式中  e——自然对数；

  $\theta$——液体在固体表面的接触角；

  $h_0$——疏水作用力的衰减长度，m。$h_0$ 可以用式（5-11）计算：

$$h_0 = 11.2 \times 10^{-9} k_1 \tag{5-11}$$

根据扩展的 DLVO 理论计算出的煤颗粒之间的相互作用能如图 5-7 所示。可以看出，颗粒之间的疏水相互作用和范德华相互作用具有相似的作用范围，而且它们在整个 pH 值范围内均为负值，这意味着它们都是吸引相互作用。然而，在整个作用距离上，煤颗粒之间的双电层作用能始终为正。当矿浆的 pH 值为 4 时，煤颗粒之间的总扩展 DLVO 相互作用能基本上为吸引能，这意味着疏水相互作用和范德华相互作用占主导。当煤浆的 pH 值增加到 7 时，一旦煤颗粒之间的分离距离超过 8nm，就会观察到弱排斥力，这表明煤颗粒需要克服小的能垒才能实现

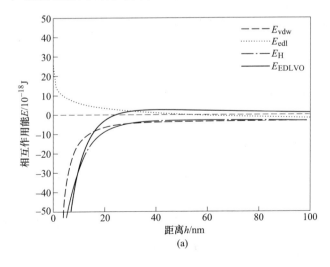

(a)

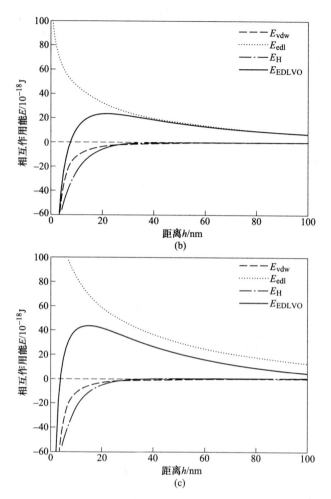

图 5-7 根据扩展 DLVO 理论计算得出的煤颗粒之间的相互作用
(a) pH=4; (b) pH=7; (c) pH=10

凝结。在 pH 值为 10 时，煤的 ζ 电位变得更负，然后双层电排斥力变大。因此，在 pH 值为 10 的煤颗粒之间存在较大的能垒，表明煤颗粒之间的相互作用通常受高 pH 值下的双电层排斥作用支配，因此煤颗粒更分散。

### 5.2.2 煤颗粒间相互作用力的原位测量

通常，溶液的 pH 值不仅影响聚合物与固体颗粒之间的桥连相互作用，而且还影响颗粒之间的相互作用。因此，为了更好地了解聚丙烯酰胺和煤颗粒之间的相互作用力，首先在没有絮凝剂的情况下，利用原子力显微镜技术测试了煤颗粒间相互作用力随着溶液 pH 值的变化，结果如图 5-8 所示。

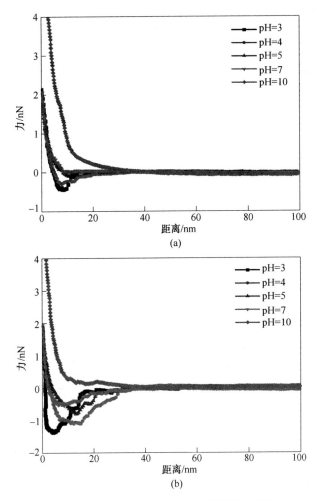

图 5-8　在不同溶液 pH 值下用 AFM 测量的煤颗粒之间的相互作用力
(a) 接近力；(b) 远离力

在研究的 pH 值范围内，溶液的 pH 值对接近力和远离力都有很大的影响。在 pH 值为 3 和 4 时，相互作用是有吸引力的，并且是短距离的；吸引力出现在约 15nm 处。远离力数据显示出较大的黏附力，表明疏水性吸引力占主导地位，正如预期的那样。pH 值为 7 时，在接近过程中，该作用力是一种弱吸引力，当煤颗粒在约 7nm 处彼此分离时，该吸引力也很弱。在 pH 值为 10 时，没有观察到远距离的吸引力相互作用，而接近和远离时的数据反而是单调排斥，表明强的双电层力是远距离力的主要成分。这种相互排斥作用与煤颗粒在碱性条件下难以聚集的事实是一致的。上述 pH 值对煤悬浮液稳定性的影响与扩展的 DLVO 理论一致。

### 5.2.3　助滤剂与煤颗粒间相互作用力的原位测量

由 5.2.2 节可知，不同的溶液 pH 值对煤颗粒间的作用力有很大的影响，不仅影响煤颗粒间的接近作用力，同时对煤颗粒间的黏附力影响显著。接下来，利用原子力显微镜测试了聚丙烯酰胺与煤之间的相互作用，即测试了在聚丙烯酰胺的溶液中两个煤颗粒之间的作用力，如图 5-9 所示。

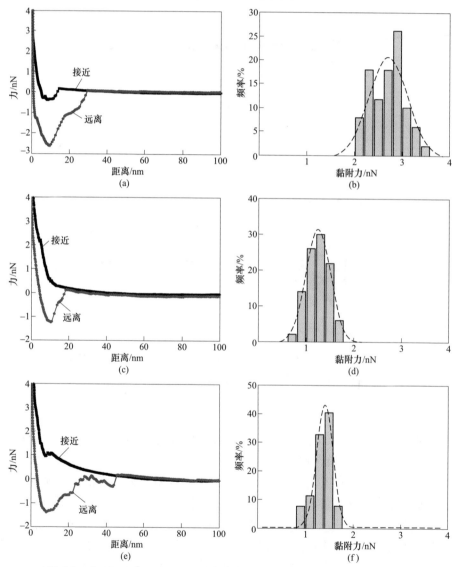

图 5-9　在 $10 \times 10^{-9}$ Magnafloc5250 絮凝剂溶液中测得的两个煤表面之间的
附着力随 pH 值变化的典型的力-距离曲线和直方图

（a），（b）pH=4；（c），（d）pH=7；（e），（f）pH=10

由图 5-9 可知，在 pH 值为 4 的接近过程中观察到微弱的吸引力，这主要是由于聚合物絮凝剂和煤表面之间的疏水性吸引力和范德华力。远离时，检测到很强的黏附力，这主要是吸附的阴离子聚丙烯酰胺 5250 在两个煤表面上的桥接吸引力所致。如图 5-9（c）和（e）所示，在 pH 值为 7 和 10 时，由于 EDL 排斥和带负电的煤表面与阴离子聚丙烯酰胺 5250 之间的空间相互作用，在接近过程中出现了排斥作用。当探针远离煤表面时，检测到较弱的 pull-out 性能，表明存在较弱的附着力，黏附力减弱可能归因于静电排斥力的增加。为了更准确地描述黏附力的大小，通过使用高斯分布拟合 50 条力曲线获得黏附力分布。图 5-9（b）、（d）和（f）中的黏附力分布结果表明，在 pH 值为 4、7 和 10 时，阴离子聚丙烯酰胺 5250 在煤表面的黏附力分别为（-2.71±0.41）nN、（-1.25±0.26）nN 和（-1.41±0.17）nN。

### 5.2.4 助滤剂与煤颗粒间黏附力的划分

无论是否存在 Magnafloc5250 絮凝剂，溶液 pH 值都会影响煤颗粒之间的黏附力。如前所述，两个煤表面之间黏附力的绝对值随 pH 值的增加而降低，当 pH 值增加至 10 时，黏附力从负变为正，表明带负电荷的煤颗粒远离时，强的排斥力占主导地位。因此，即使没有吸附絮凝剂也不能忽略煤颗粒之间的黏附力。通常，絮凝体系中的聚合物覆盖率通常较低且不均匀，因此，如图 5-10 所示，通过原子力显微镜测量的煤颗粒之间的黏附力（$F_a$）应分为吸附絮凝剂的煤颗粒之间的力（$F_f$）和未吸附药剂的颗粒空白处的力（$F_b$）。在不同 pH 值条件下，吸附了絮凝剂的煤颗粒之间的黏附力划分结果见表 5-2。其中，图 5-10（a）表示有无 Magnafloc5250 絮凝剂的情况下，pH 值为 10 时煤表面之间的典型黏附力曲线。图 5-10（b）表示在 Magnafloc5250 絮凝剂存在下 pH 值为 10 时煤颗粒的相

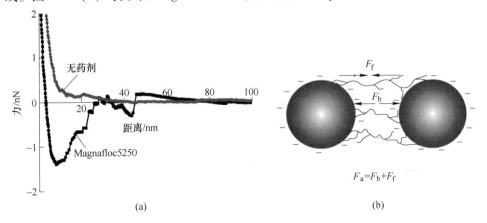

(a)                                          (b)

图 5-10　煤颗粒之间的黏附力划分示意图

（a）煤表面之间的典型黏附力曲线；（b）力的划分示意图

互作用示意图和力的划分，$F_a$代表在 Magnafloc5250 絮凝剂存在下 pH 值为 10 时煤表面之间的黏附力；$F_b$代表在不存在 Magnafloc5250 絮凝剂且 pH 值为 10 时煤表面之间的黏附力，即在 Magnafloc5250 絮凝剂溶液中 pH 值为 10 的煤表面的裸露部分之间的黏附力；$F_f$代表煤表面吸附絮凝剂部分之间的黏附力。

表 5-2　在 Magnafloc5250 絮凝剂存在下煤颗粒之间远离时力的划分

| pH | 黏附力（$F_a$）/nN | 空白力（$F_b$）/nN | 絮凝力（$F_f$）/nN |
|---|---|---|---|
| 4 | −2.71 | −1.08 | −1.63 |
| 7 | −1.25 | −0.53 | −0.72 |
| 10 | −1.41 | +0.46 | −1.87 |

由表 5-2 可知，当溶液中存在 Magnafloc5250 絮凝剂时，通过 AFM 测得的 pH 值为 4、7 和 10 下煤颗粒之间的黏附力分别为−2.71nN、−1.25nN 和−1.41nN。当溶液中未添加 Magnafloc5250 絮凝剂时，煤颗粒之间的黏附力分别为−1.08nN、−0.53nN 和 0.46nN。根据图 5-10 中的设想，计算得出的 pH 值为 4 的煤颗粒之间的絮凝力为−1.63nN。在 pH 值为 7 时，絮凝力降至−0.72nN。当 pH 值增加至 10 时，计算得到最大絮凝力为−1.87nN。增强的絮凝力可能归因于碱性条件下 Magnafloc5250 絮凝剂分子结构的扩展。此外，在 pH 值为 10 时出现了一系列延伸至约 45nm 间隔的弹性极小值，表明存在明显的聚合物空间层和扩展的作用范围。力结果表明，碱性条件下的絮凝力更大，相互作用范围更广，这与沉降试验和絮团尺寸结果非常吻合。

为了进一步分析不同 pH 值作用下，阴离子聚丙烯酰胺 5250 与煤泥颗粒间的作用机理，本节测量了阴离子聚丙烯酰胺 5250 在各种 pH 值条件下的流体力学半径 $R_H$，如图 5-11 所示。

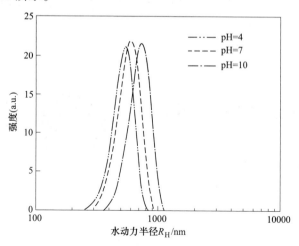

图 5-11　不同 pH 值下絮凝剂的水动力半径（$R_H$）分布

由图 5-11 可知，随着溶液从酸性变为碱性，阴离子聚丙烯酰胺 5250 的 $R_H$ 从 540nm 增加到 741nm。阴离子聚丙烯酰胺 5250 的溶解和分子构型具有 pH 值依赖性。流体力学半径 $R_H$ 在碱性条件下的增加主要归因于聚合物链带负电荷的链段之间的强静电排斥力。DLS 结果表明，阴离子聚丙烯酰胺 5250 在碱性溶液中具有更扩展的分子构型，这与絮团尺寸及力学测量结果一致。

原子力显微镜测量表明，在 pH 值为 4 的阴离子聚丙烯酰胺 5250 水溶液中，两个煤表面之间的黏附力最大。然而，在碱性条件下，煤颗粒与阴离子聚丙烯酰胺 5250 之间的絮凝力最大，并具有最大的相互作用范围，表明该聚合物在 pH 值为 10 时具有最大的分子链并形成最大的絮团。此外，流体力学半径测量表明，絮凝剂在碱性溶液中的延伸更充分。阴离子聚丙烯酰胺 5250 的构象变化如图 5-12 所示。在 pH 值为 4 时，氢离子中和了絮凝剂表面的一些负电荷，并使絮凝剂分子的构象更加压缩。因此，除氢键作用外，絮凝剂与颗粒之间的相互作用还包括静电中和作用。在中性溶液中，由于絮凝剂分子自身携带的负电荷，将形成一定的延伸结构。由于煤颗粒和絮凝剂均带负电，因此氢键也主导了絮凝行为，从而获得最小的絮凝力和絮凝尺寸。在碱性条件下，带负电荷的聚合物分子会产生分子间静电排斥，导致分子构象更加扩展，这将增加聚合物链与煤颗粒之间的有效结合位点，增强的氢键作用导致最大的絮凝力，从而促进了桥接絮凝。

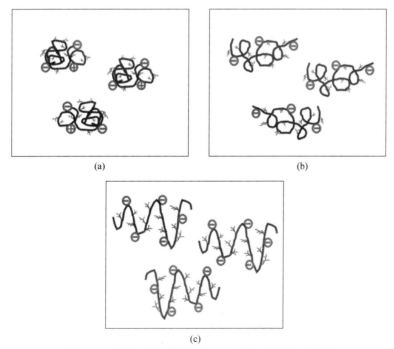

(a)　　　　　　　　　　　(b)

(c)

图 5-12　阴离子聚丙烯酰胺 5250 的分子构象示意图

（a）pH 值为 4；（b）pH 值为 7；（c）pH 值为 10

## 5.3　助滤剂在煤泥表面的 AFM 吸附形貌

由前面过滤试验可知，十八烷基三甲基氯化铵 STAC 的助滤效果优于十二烷基硫酸钠 SDS，因此，本章重点分析十八烷基三甲基氯化铵 STAC 与煤泥颗粒间的相互作用机理。

### 5.3.1　助滤剂在煤表面的吸附形貌

为了阐明十八烷基三甲基氯化铵 STAC 与煤之间的相互作用机理，利用原子力显微镜技术分析了十八烷基三甲基氯化铵 STAC 在煤表面的吸附结构和形态，如图 5-13 所示。

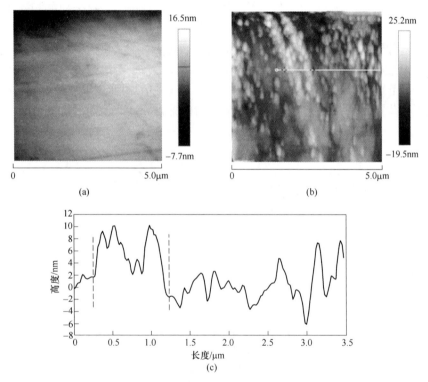

图 5-13　煤表面吸附 STAC 分子的图像

（a）空白样品；（b）药剂吸附 2D 视图；（c）药剂吸附的高度图

其中，图 5-13（b）中白线的高度轮廓对应图 5-13（c）和（b）中蓝点之间的部分对应于图 5-13（c）中红色虚线之间的部分。从图 5-13（a）和（b）可以看出，十八烷基三甲基氯化铵 STAC 分子以簇状或短条状被吸附到煤表面上，这表明十八烷基三甲基氯化铵 STAC 分子是通过静电吸引和疏水作用被吸附在煤表面上。从图5-13（c）可以看出，红色虚线之间部分的十八烷基三甲基氯化铵 STAC 分子在煤表面的吸附厚度最大值为 10nm 左右。考虑到理论计算出的 STAC 分子的长度约为 2.6nm，并兼顾到煤表面的不平整性，可以推断十八烷基三甲基氯化铵 STAC 分子在煤表面的吸附以单层和多层吸附为主。

### 5.3.2 助滤剂在高岭石表面的吸附形貌

高岭石的各向异性使得其固液分离机理变得异常复杂。其中，最常见的解离面硅氧面和铝氧面拥有不同的电荷特性和润湿性，因此，为了透彻地分析高岭石的固液分离特性及表面活性剂对其的助滤机理，有必要深入探讨十八烷基三甲基氯化铵 STAC 与高岭石不同晶面的相互作用机理。本节利用原子力显微镜技术分析了十八烷基三甲基氯化铵 STAC 在高岭石硅氧面（$SiO_2$ 代替）和铝氧面（氧化铝代替）表面的吸附结构和形态，如图 5-14 所示。

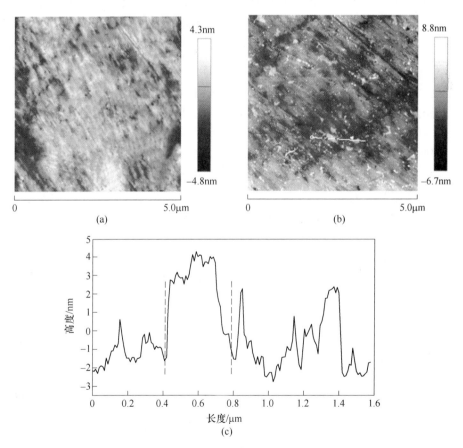

图 5-14　二氧化硅表面吸附 STAC 分子的图像

（a）空白样品；（b）药剂吸附 2D 视图；（c）药剂吸附的高度图

如图 5-14 所示，二氧化硅表面的十八烷基三甲基氯化铵 STAC 分子形态呈现出斑点和点状外观。其他学者在研究表面活性剂 CTAB 在云母或二氧化硅上的力学性质的同时也观察到了斑点状吸附形貌。另外，表面活性剂在固体表面覆盖的斑块状还通过其他技术进行了验证，例如小角度散射、X 射线衍射、光谱学和 NMR 技术。众所周知，二氧化硅的等电点 pH 值小于 2.5，二氧化硅颗粒表面在自然 pH 值下带负电。因此，十八烷基三甲基氯化铵 STAC 与二氧化硅之间的相互作用机理主要取决于静电相互作用。从图 5-14（c）可以看出，十八烷基三甲基氯化铵 STAC 在二氧化硅表面上的吸附厚度存在 2nm 左右和 4nm（红色虚线之间部分）左右两种情况，所以可以推断十八烷基三甲基氯化铵 STAC 分子在二氧化硅表面上发生了单层吸附和双层吸附。这一结果与 Chennakesavulu 的发现是一致的，造成这一现象可能的原因是二氧化硅的表面能不均一性。

本节使用的氧化铝是单晶 $\alpha$-Al$_2$O$_3$（0001）表面，因为它是晶体颗粒中最常见的暴露面之一。在水合的 $\alpha$-Al$_2$O$_3$（0001）表面上有两种类型的羟基：双配位（Al$_2$OH）和单配位（AlOH），该 Al$_2$O$_3$ 的接触角为 39.1°，Weissmann 提出 $\alpha$-Al$_2$O$_3$ 晶体的 c-plane(0001)、a-plane($1\bar{1}20$)、m-plane（$10\bar{1}0$）和 r-plane（$1\bar{1}02$）等电点大约在 pH 值为 5.0 至 6.0。该结果表明，在自然 pH 值溶液中，氧化铝表面表现出少量的负电荷。然而，图 5-15 表明，STAC 在氧化铝表面上的吸附比二氧化硅更均匀，并且主要表现为斑片状吸附。由于氧化铝比二氧化硅亲水性更强，因此氧化铝与十八烷基三甲基氯化铵 STAC 的相互作用机理可能涉及静电相互作用及氢键作用。从图 5-15（c）可知，十八烷基三甲基氯化铵 STAC 在氧化铝表面的吸附高度大部分集中在 2~3nm，所以可以推断十八烷基三甲基氯化铵 STAC 分子主要通过单层吸附被大量吸附到氧化铝表面。

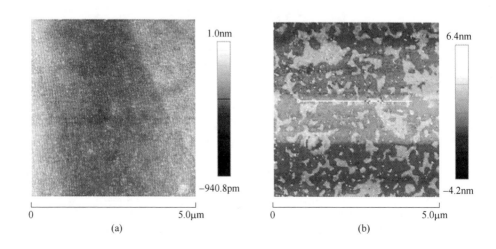

(a)　　　　　　　　　　　　　　(b)

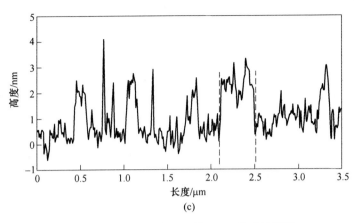

图 5-15　氧化铝表面吸附 STAC 分子的图像

（a）空白样品；（b）药剂吸附 2D 视图；（c）药剂吸附的高度图

## 5.4　助滤剂与煤泥间相互作用的分子模拟

为了进一步研究十八烷基三甲基氯化铵 STAC 在颗粒/水界面的吸附行为，利用分子模拟技术研究了 STAC 吸附前后模拟系统的吸附浓度分布及 STAC 对水分子附着的抑制作用。

### 5.4.1　界面模型的构建

分子动力学模拟是通过 Materials Studio 8.0（美国 BIOVIA 公司）中的 Forcite 模块进行的。模拟中所用的力场为 PCFF-INTERFACE，该力场已被证明在模拟高岭石中是准确的。在三维周期性边界条件下运用 NVT 系综，选择 Nose 函数进行温度控制，使用基于 Ewald 和 Atom 的方法分别计算了远距离静电和范德华相互作用，其截断半径为 1.8nm。使用的时间步长为 1fs，模拟进行了 1000ps，以确保分子动力学模拟系统达到平衡状态，并将另外 300ps 的结果用于分析相关属性。

#### 5.4.1.1　烟煤分子的选择与构建

煤不同于一般的高分子化合物或聚合物，由于成煤植物及成煤环境的差异，造成煤中物质及结构都有很大的差异，煤分子结构的复杂性、多样性和不均一性，给煤的研究及利用带来不少困难。国内外的研究者根据对煤物理、化学分析结果，提出了许多的煤分子结构模型。Wiser 提出的煤分子模型因其比较合理地反映了烟煤分子结构被大家广泛接受认可，分子模型如图 5-16 所示。本节利用 Materials Studio 8.0 软件对 Wiser 煤模型进行构建，添加甲基对所有的悬空键进行饱和，为了进一步获得相对稳定的三维空间模型，采用量子化学方法（DFT）的

GGA(PW91)泛函对煤大分子模型进行几何结构优化，优化后的煤大分子模型如图 5-17 所示。

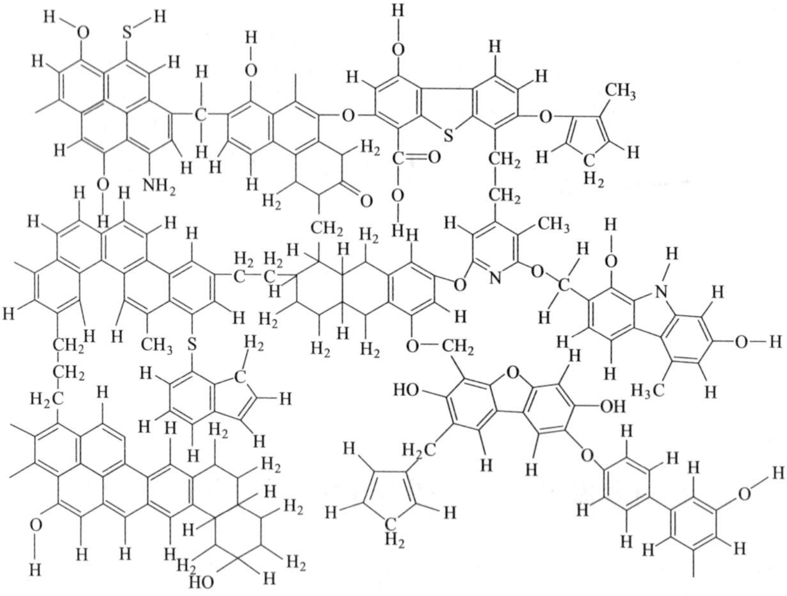

图 5-16 Wiser 煤分子模型

●C ◐H ●O ●N ◐S

图 5-17 Wiser 烟煤分子的稳定构型

### 5.4.1.2　高岭石模型的构建

高岭石的结构式为 $Al_4[Si_4O_{10}](OH)_8$，晶体结构由 $[SiO_4]$ 四面体晶层与 $[AlO_2(OH)_4]$ 八面体晶层 1：1 通过氧原子联结而成，单元层之间通过氢键和范德华力联结。本节所用高岭石晶胞模型为 MS 中自带的 Kaolinite 晶胞模型（见图 5-18），对初始模型采用 DFT 在交换关联函数 GGA-PBE 下进行几何优化，优化后的高岭石体相晶胞结构见表 5-3。

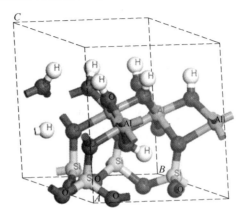

图 5-18　高岭石晶胞

**表 5-3　高岭石晶格优化结果**

| 类型 | 晶格参数/$10^{-1}$nm | | | 晶胞角/(°) | | | 晶胞体积/$10^{-3}$nm³ |
| --- | --- | --- | --- | --- | --- | --- | --- |
| | $a$ | $b$ | $c$ | $\alpha$ | $\beta$ | $\gamma$ | |
| 优化值 | 5.196 | 9.007 | 7.372 | 91.930 | 105.083 | 89.866 | 331.221 |
| 实验值 | 5.153 | 8.942 | 7.391 | 91.926 | 105.046 | 89.797 | 329.910 |

将几何优化后的体相晶胞扩大为尺寸为 5.154nm×5.365nm 的超晶胞，再分别切（001）及（00$\bar{1}$）面，并在表面加上 8nm 真空层，分别对构建好的高岭石（001）及（00$\bar{1}$）表面采用 Forcite 模块在 ClayFF 力场下进行几何优化。优化后的高岭石（001）及（00$\bar{1}$）面模型如图 5-19 所示。

煤、高岭石、STAC 和水的分子结构如图 5-20 所示。煤分子模型是基于典型的 Wiser 煤模型建立的。将 12 个优化后的煤分子放入周期盒中。将 8 个 STAC 分子添加到 3000 个水分子中，以创建表面活性剂-水溶液。然后将表面活性剂/水溶液置于煤和高岭石表面的顶部。在每个系统上方，均包括厚度为 5nm 的真空层，以消除 Z 方向上的周期性边界条件。图 5-21 为高岭石（001）表面-STAC-水分子界面模型的构建过程示意图。

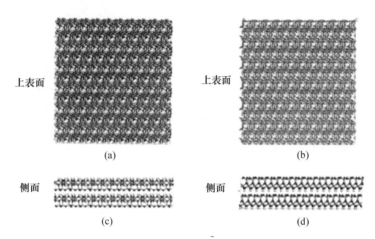

图 5-19  优化后高岭石的（001）及（001̄）面晶体结构的俯视图与侧视图

（a）（001）面晶体结构的俯视图；（b）（001̄）面晶体结构的俯视图；

（c）（001）面晶体结构的侧视图；（d）（001̄）面晶体结构的侧视图

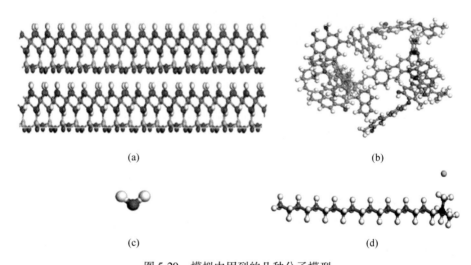

图 5-20  模拟中用到的几种分子模型

（a）高岭石模型；（b）Wiser 煤模型；（c）水分子结构；（d）STAC 分子结构

（其中颜色表示为：红色—氧原子；白色—氢原子；棕色—硅原子；紫色—铝原子；灰色—碳原子；

蓝色—氮原子；黄色—硫原子；绿色—氯原子）

### 5.4.2  助滤剂在煤及高岭石表面的浓度分布

浓度分布曲线表示为在表面法线方向上一定厚度区间中目标粒子 A 的密度与其在体系中总密度的比值。通过分析吸附平衡时空间体系中 STAC 分子和水分子

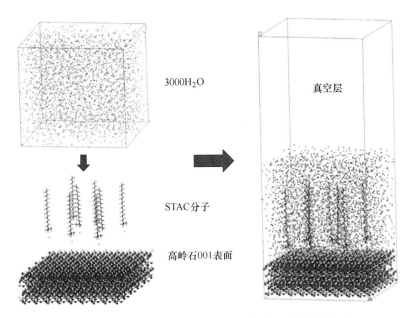

图 5-21　高岭石 001 表面-STAC-水分子界面模型的构建

的不同原子沿煤/高岭石表面法线方向的浓度分布，可以了解其在不同矿物表面上的空间位置差异，从而探究 STAC 分子对煤及高岭石的疏水改性机理。

浓度分布曲线表达式 $\rho_r$ 为：

$$\rho_r = \frac{\rho_i}{\rho_{total}} \quad (i = 1, 2, 3, \cdots, n) \tag{5-12}$$

式中　$\rho_r$——距离 $r$ 处的粒子 A 的相对密度；

　　　$\rho_i$——距离表面 $r$ 处厚度区间的粒子 A 的密度；

　　　$i$——厚度区间的分割数；

　　$\rho_{total}$——系统中粒子 A 的总密度。

计算出沿 $Z$ 轴方向的煤，STAC 分子和水分子的浓度分布，结果如图 5-22 所示。从图 5-22（b）可以看出，STAC 分子峰分布出现在 3.531nm，相比于大部分水分子而言，更加接近煤表面。比较图 5-22（a）和（b）中水分子浓度的分布，可以发现，在 STAC 分子的存在下，水分子一定程度上被排斥到远离煤表面的位置。此外，由图 5-22（b）可知，STAC 分子中的氮原子的峰分布出现在 3.327nm，与煤表面的距离比 STAC 分子其余部分的距离短。这意味着 STAC 分子的亲水基团朝向煤表面，疏水性碳链暴露于水溶液中，因此改善了煤表面的疏水性，这与接触角测量结果一致。

图 5-23 为有无 STAC 分子的情况下，高岭石表面上沿 $Z$ 轴方向的水分子相对

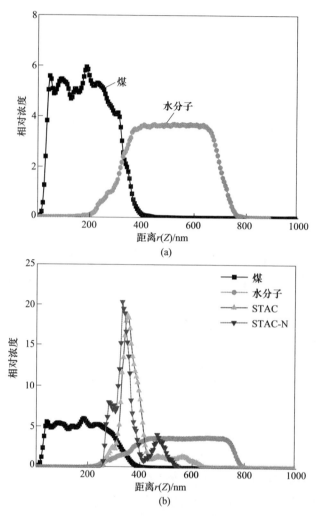

图 5-22 煤、STAC 分子和水分子沿 $Z$ 轴的相对浓度曲线

（a）煤-水体系；（b）煤-STAC-水体系

浓度分布曲线。其中，图 5-23（a）为高岭石（001）表面，图 5-23（b）为高岭石（00$\bar{1}$）表面。研究发现，无论 STAC 分子是否存在，水分子在高岭石表面均会出现 3 个明显的水分子层，与高岭石（00$\bar{1}$）表面相比，水分子更紧密地吸附在（001）表面上。高岭石（001）表面吸附水的最大（第一水分子层）相对浓度为 3.91，高于高岭石（00$\bar{1}$）表面（3.69）；该结果可归因于水与高岭石（001）表面上的—OH 官能团之间的氢键相互作用。在 STAC 分子存在下，吸附在高岭石（001）表面和（00$\bar{1}$）表面上的第一水分子层的相对浓度分别降低

至 3.51 和 3.19。第二层和第三层水分子都不同程度地被减弱。这些结果表明 STAC 的吸附限制了水分子在高岭石表面上的吸附。

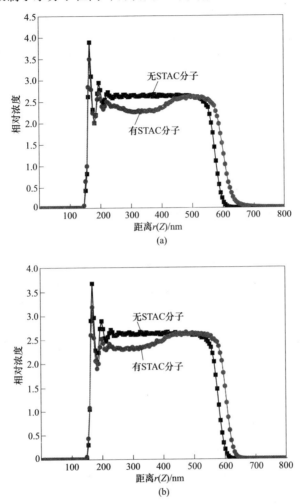

图 5-23    在有无 STAC 的情况下高岭石表面水分子沿 $Z$ 轴的相对浓度曲线

（a）高岭石（001）表面；（b）高岭石（00$\bar{1}$）表面

图 5-24 为沿 $Z$ 轴方向的高岭石（001）表面-STAC 分子-水分子体系和高岭石（00$\bar{1}$）表面-STAC 分子-水分子体系的相对浓度分布结果。由于 STAC 分子是两亲分子，因此高岭石的化学表面特性由分子取向决定。与 STAC 分子的其余部分相比，STAC 分子中的氮原子更接近高岭石表面吸附。这种分子取向将 STAC 分子的疏水碳链朝向水中，从而改善了高岭石表面的疏水性。相对于高岭石（001）表面，STAC 分子更加靠近高岭石（00$\bar{1}$）表面。根据图 5-24 中高岭

石表面上水分子的浓度分布可知，高岭石（001）表面和STAC分子之间还有额外的水分子。该结果表明水分子在STAC分子在高岭石（001）表面上的吸附中起到一定的桥接作用。由于水分子的架桥作用，STAC分子在高岭石（001）表面的吸附更加均匀，这与AFM的吸附形态结果相吻合。杨等人也发现水分子可以桥接CHPTA和MMT表面，这将有利于CHPTA在MMT的Na-（001）、None-（001）和内表面上的吸附。

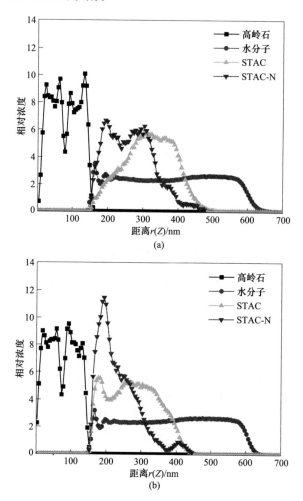

图 5-24 STAC 和水分子在高岭石不同表面沿 Z 轴的相对浓度曲线

（a）高岭石（001）表面-STAC-水系统；（b）高岭石（00$\bar{1}$）表面-STAC-水系统

### 5.4.3 助滤剂对煤及高岭石表面水分子扩散系数的影响

为了确定STAC分子吸附前后水分子的动态行为，扩散系数（$D$）的计算如下：

$$D = \frac{1}{6} \lim_{\Delta t \to \infty} \frac{\mathrm{dMSD}}{\mathrm{d}\Delta t} = \frac{1}{6} K_{\mathrm{MSD}} \tag{5-13}$$

式中，$D$ 为扩散系数；MSD 为均方位移；$K_{\mathrm{MSD}}$ 为 MSD 曲线的斜率。

图 5-25 为煤和高岭石表面水分子的 MSD 曲线。加入 STAC 分子后，煤表面水分子的 MSD 值增加，水分子的扩散系数从 $4.33 \times 10^{-5} \mathrm{cm}^2/\mathrm{s}$ 增加到 $5.28 \times 10^{-5}$ $\mathrm{cm}^2/\mathrm{s}$。STAC 分子对高岭石表面的水分子的扩散系数同样有显著影响。当 STAC 分子吸附到高岭石表面后，高岭石（001）表面水分子的 MSD 值增加，其中，（001）表面的 $D$ 值从 $8.28 \times 10^{-5} \mathrm{cm}^2/\mathrm{s}$ 增加到 $8.53 \times 10^{-5} \mathrm{cm}^2/\mathrm{s}$，（00$\bar{1}$）表面的 $D$ 值从 $8.60 \times 10^{-5} \mathrm{cm}^2/\mathrm{s}$ 增加到 $8.98 \times 10^{-5} \mathrm{cm}^2/\mathrm{s}$。这些结果表明，STAC 分子改善了水在煤和高岭石表面上的流动性。这归因于 STAC 分子限制了水分子与煤泥之间的相互作用，从而颗粒表面疏水性增加，分子动力学行为的计算结果与实验结果一致。

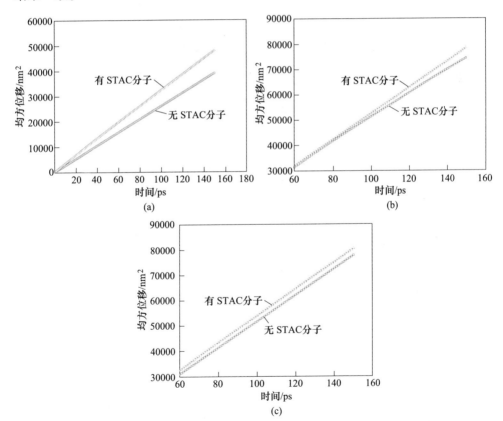

图 5-25 在有无 STAC 分子的情况下煤和高岭石不同表面上水分子的 MSD 曲线

（a）煤；（b）高岭石（001）表面；（c）高岭石（00$\bar{1}$）表面

# 6 滤饼的动态生长规律及三维孔隙结构

煤泥脱水是一个动态发展的过程，在过滤初始，煤泥颗粒排列呈松散结构。过滤沉积过程开始后，由于大颗粒拥有更大的沉降速度，大颗粒优先沉积形成滤饼，临近滤纸的小颗粒因距离优势也会沉积在滤纸上。这些悬浮的小颗粒会逐渐迁移，进入滤饼主体部位。当滤饼开始压缩时，滤饼中的大颗粒会在压力作用下主要发生滑移现象，而细颗粒会进一步发生迁移，钻隙到大颗粒形成的孔隙当中，促使滤饼孔隙率降低，滤饼更加密实。本章通过试验手段分析了煤泥滤饼的动态生长规律，采用数值模拟探索了压力对煤泥生长规律的影响，通过单颗粒和颗粒群研究了细颗粒在滤饼中的钻隙迁移规律，进一步地，借助高分辨率 X 射线显微扫描技术，分析了复合药剂对煤泥滤饼结构的优化作用，这项工作可以为微细煤泥脱水提供新的思路与参考。

## 6.1　煤泥滤饼的动态生长规律

为了研究抽滤时间对煤浆脱水效果的影响及滤饼在形成过程中结构的变化，在去离子水的条件下，分别对 200g/L 的煤浆进行 1min、2min、3min、4min、5min 和 10min 的真空过滤脱水，并对不同抽滤时间滤饼的过滤特性和孔隙结构特性进行分析。具体的试验结果如下。

### 6.1.1　过滤过程中过滤速度的动态变化

由图 6-1 可知，随着抽滤过程的进行，滤液增长速度逐渐减慢，即过滤开始时，过滤速度较大，滤液体积增长的速度较快，之后由于形成的滤饼越来越厚，也越来越密实，水分排出的阻力变大，所以滤液流出的速度减小。

### 6.1.2　过滤过程中滤饼过滤特性的变化规律

由图 6-2 和图 6-3 可知，随着抽滤时间的增大，滤饼的过滤系数与平均质量过滤比阻逐渐增大，但表面水消失（5min）之后，滤饼的过滤系数与平均质量过滤比阻又减小，这是由于在过滤开始，过滤形成的滤饼薄且松散，随着过滤过程的进行，一方面颗粒逐渐沉积下来，滤饼变厚，另一方面细小颗粒的沉积也使整个滤饼变得密实，所以滤饼的过滤系数与平均质量过滤比阻逐渐增大。当表面

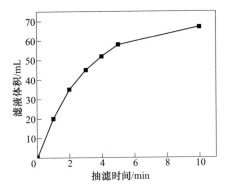

图 6-1 滤液体积与抽滤时间关系图

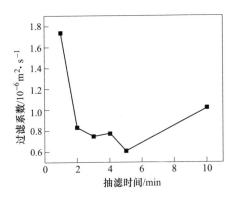

图 6-2 抽滤时间与过滤系数关系图

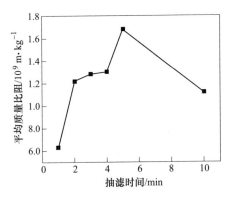

图 6-3 抽滤时间与滤饼平均质量比阻图

水消失后，不再有颗粒沉积，但此时继续进行抽滤，气流会穿过滤饼而使得滤饼出现一些孔隙，进而使得滤饼的平均质量比阻又有所降低。

### 6.1.3  过滤过程中滤饼孔隙结构的变化规律

将不同抽滤时间下所得滤饼上表面和纵剖面在显微镜下观察并拍照，得到图 6-4 和图 6-5。

图 6-4  不同抽滤时间下滤饼上表面显微镜图
（a）1min；（b）2min；（c）3min；（d）4min；（e）5min；（f）10min

图 6-5  不同抽滤时间下滤饼纵剖面显微镜图
（a）1min；（b）2min；（c）3min；（d）4min；（e）5min；（f）10min

根据图 6-4 和图 6-5，求得不同时间下滤饼上表面和纵剖面的孔隙率如图 6-6 所示。

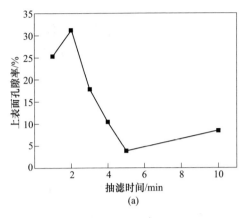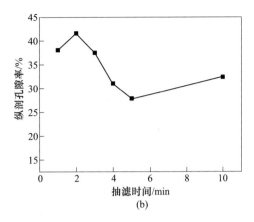

图 6-6 不同抽滤时间滤饼的孔隙率图

（a）上表面；（b）纵剖面

由图 6-6 可知，滤饼一开始的孔隙率略低，这是由于过滤开始时，离滤纸较近的细颗粒比离滤纸远的粗颗粒先沉积到滤纸上，形成较小的孔隙率，而后，随着过滤过程的进行，滤饼孔隙和孔隙率逐渐减小，直至表面水消失。在表面水消失后，再进行过滤，由于负压的气流将原有的孔隙结构逐渐破坏，所以之后孔隙率又有所增大。其中滤饼上表面的孔隙率的曲线拟合出的公式如下：

$$y = 0.673x^2 - 9.982x + 40.37, \qquad R^2 = 0.796 \qquad (6\text{-}1)$$

滤饼纵剖面的孔隙率的曲线拟合出的公式如下：

$$y = 0.291x^2 - 4.223x + 45.15, \qquad R^2 = 0.678 \qquad (6\text{-}2)$$

由式（6-1）和式（6-2），可以大致估计某一抽滤时间下的滤饼上表面及纵剖孔隙率，根据孔隙率的大小判断过滤的难易程度，进而及时指导生产实践。

由表 6-1 可知，随着过滤过程的进行，滤饼上表面和纵剖面的分形维数均有所增加，这是由于过滤开始时，主要是粗颗粒和小部分细颗粒的沉积，所形成的孔隙较大，孔隙较规则，分形维数较小；之后随着过滤的进行，细颗粒逐渐沉积成饼，形成的孔隙较小，孔隙不规则度增加，分形维数变大。而分形维数的增加，使得孔隙内壁粗糙度增加，表面积变大，不利于水分的排出。

表 6-1 不同抽滤时间下滤饼各个面分形维数

| 抽滤时间/min | 1 | 2 | 3 | 4 | 5 | 10 |
|---|---|---|---|---|---|---|
| 上表面 | 1.52 | 1.57 | 1.56 | 1.58 | 1.60 | 1.58 |
| 纵剖面 | 1.49 | 1.48 | 1.53 | 1.54 | 1.54 | 1.58 |

### 6.1.4  滤饼形成过程的模型

整个过滤过程可以分为两个主要的阶段，分别是滤饼形成阶段和滤饼压缩阶段，Shirato 等人利用"挤压"来形容液体从固液混合物中脱除。这一挤压过程的示意图如图 6-7 所示。

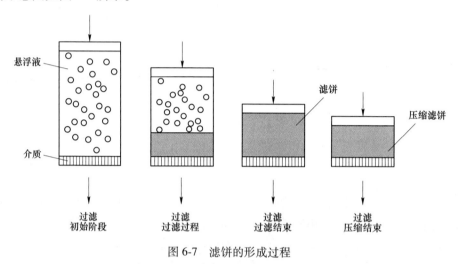

图 6-7  滤饼的形成过程

如图 6-7 所示，悬浮液中的颗粒在真空的作用下，逐渐沉积在过滤介质上形成滤饼，与此同时水分透过介质而排出，滤饼完全形成后，由于真空的作用，滤饼继续压缩而排出其内部仍存留的水分，直至过滤过程完全结束。

## 6.2  滤饼动态生长规律的数值模拟

### 6.2.1  压力的影响

为了分析滤饼在过滤过程中的变化规律，利用 PFC 软件建立了滤饼模型，对其动态生长规律进行了细观分析。首先，利用 FBRM 测量了未添加药剂时，煤泥颗粒尺寸的分布规律，如图 6-8 所示。

由图 6-8 可知，在未添加药剂时，煤泥中 10μm 以下的小颗粒数最多，约为 75885.6 个，占总颗粒数量的 74%；其次是 10~100μm 的中等颗粒，数量约为 27738.5 个，占总颗粒数量的 26%；100~1000μm 的大颗粒数量几乎为零。由体积分布结果可知，10~100μm 的中等颗粒的体积分布最大，各粒级的颗粒体积分布随时间变化不明显。

结合 FBRM 测量结果，得知原始煤泥中 10μm 以下的颗粒个数约占总颗粒数量的 74%，10~100μm 的颗粒个数约占总颗粒数量的 26%。本节模拟颗粒数量选

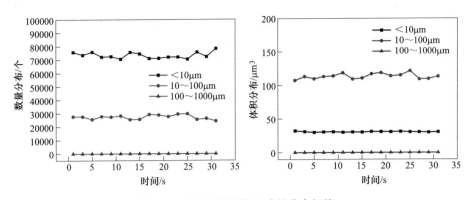

图 6-8 煤泥原样颗粒尺寸的分布规律

取 1000 个，因此，数值模拟中选择小颗粒数量为 740 个，直径选取为 10μm；大颗粒数量为 260 个，直径选取为 30μm。图 6-9 为不同压力作用下煤泥滤饼的动态生长模拟过程，其中，图 6-9（a）中从左到右的四幅图分别是过滤过程中初始状态、沉积过程、压缩过程和过滤压缩结束时的模拟结果，以下模拟结果均包含同样的模拟时刻。

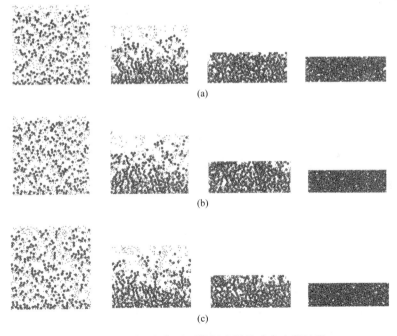

图 6-9 不同压力作用下煤泥滤饼的动态生长过程
（a）0.01MPa；（b）0.02MPa；（c）0.03MPa

由图 6-9 可知，在初始条件下，煤泥颗粒排列呈松散结构。过滤沉积过程开始后，由于大颗粒拥有更大的沉降速度，所以大颗粒优先沉积形成滤饼，临近滤纸的小颗粒由于距离的优势也会沉积在滤纸上，表层细颗粒由于下沉速度慢，处于悬浮状态。这些悬浮的小颗粒会逐渐迁移，进入滤饼主体部位。当滤饼开始压缩时，滤饼中的大颗粒会在压力作用下主要发生滑移现象，而细颗粒会进一步发生迁移，钻隙到大颗粒形成的孔隙当中，促使滤饼孔隙率降低，滤饼更加密实。对比不同压力下的滤饼生长过程，可以发现压力越大，形成的滤饼更加致密。

接下来分析了不同压力下，过滤过程中滤饼的厚度随着时间的变化，结果如图 6-10 所示。

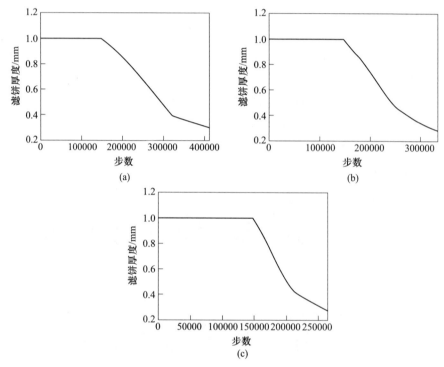

图 6-10　不同压力作用下煤泥滤饼厚度的变化
（a）0.01MPa；（b）0.02MPa；（c）0.03MPa

在本节中，以漏斗的高度（1mm）作为滤饼的原始高度，滤饼厚度的变化包含颗粒的沉积过程与压缩过程。在整个过滤过程中，前 150000 步进行的是滤饼沉积过程，之后进行过滤压缩过程。由图 6-10 可知，到过滤终点时，0.01MPa 压力作用下的滤饼厚度为 0.305mm，当过滤压力增加到 0.02MPa 时，滤饼厚度减小为 0.281mm，当过滤压力为 0.03MPa 时，滤饼厚度最小为 0.271mm。模拟结果表明，压力越大，滤饼厚度越小，这主要是因为压力越大，有更多的水分被排出去，不再占据滤饼孔隙中的位置，滤饼更易被压缩。

进一步地，分析了不同压力下，过滤过程中滤饼的孔隙率随着时间的变化，结果如图 6-11 所示。

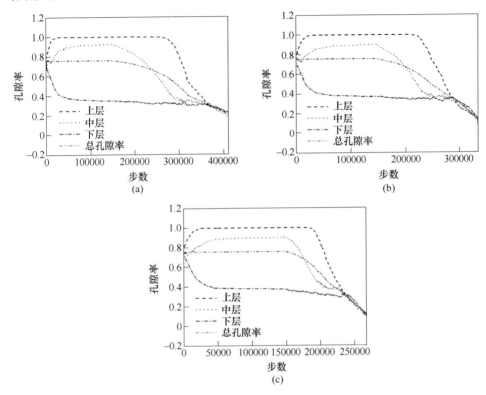

图 6-11 不同压力作用下煤泥滤饼孔隙率的变化

(a) 0.01MPa；(b) 0.02MPa；(c) 0.03MPa

由图 6-11 可知，在滤饼的沉积阶段，上层的孔隙率最大，其次为中层的孔隙率，下层的孔隙率最小，而且上层和中层的孔隙率先升高后稳定。这是由于在本书中，以漏斗高度为滤饼的原始高度，由于煤泥颗粒的沉降速度较快，所以在较短的时间内，漏斗中上三分之一处的颗粒数量急剧减少，上层孔隙率很快时间内达到 1。而大部分颗粒分布在下三分之一处，所以滤饼下层孔隙率最小。到了压缩阶段，也就是 150000 步之后，因为此时的颗粒基本已经沉积到漏斗高度的三分之二以下，所以此时滤饼中层和下层的孔隙率在压力的作用下进一步降低，而滤饼上层孔隙率先保持不变，而后随着压力板的高度下降到有颗粒的部分时才会出现滤饼孔隙率的变化。

滤饼进入过滤压缩阶段后，滤饼各层的孔隙率随着过滤过程的进行逐渐降低。在过滤压缩初期，滤饼上层的孔隙率最大，其次是中间层的孔隙率，下层孔隙率最低，随着过滤时间的增加，各层孔隙率趋近相同。之后在压力的继续作用下，原本位于上层的部分小颗粒通过自身的钻隙作用迁移到中间层，使得中间层的孔隙率最小。由于小颗粒的迁移能力有限，并不能越过中间层抵达下层，所以下层孔隙率的变化只是基于压力作用使得固有的大颗粒间的孔隙压缩，因此下层孔隙率最大，上层孔隙率略高于中间层。

对比不同压力下的滤饼孔隙率发现，到达过滤终点时，0.01MPa 压力作用下的滤饼孔隙率为 0.206，当过滤压力增加到 0.02MPa 时，滤饼孔隙率减小至 0.140；当过滤压力为 0.03MPa 时，滤饼孔隙率最小为 0.108。模拟结果表明，压力越大，滤饼孔隙率越小，这结果与滤饼厚度变化及生长规律相一致。压力越大，滤饼中的水分更易被排出，滤饼的结构更加致密，孔隙率降低。在接下来的模拟中，统一选择模拟压力为 0.02MPa。

### 6.2.2　单个细颗粒的钻隙轨迹

对煤泥滤饼动态生长规律研究之后发现，煤泥中的微细颗粒会在压力的作用下发生钻隙现象，为了进一步探索细颗粒迁移对煤泥脱水的影响，研究了单个细颗粒在滤饼中的运动轨迹及细颗粒群对滤饼结构的影响。首先研究了单个细颗粒的运动轨迹，在本节的模拟中，分别选取了 10μm、15μm、20μm、25μm 四种细颗粒，细颗粒数量为 1 个，滤饼主体粒度为 30μm，颗粒数量为 342 个。图 6-12 是不同粒度的单个细颗粒在滤饼中的迁移过程模拟结果。

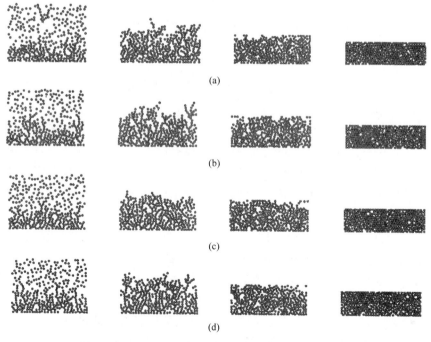

(a)

(b)

(c)

(d)

图 6-12　不同粒度的单个细颗粒在滤饼中的迁移过程

(a) 10μm；(b) 15μm；(c) 20μm；(d) 25μm

由图 6-12 可知，不同粒度的单个细颗粒在滤饼中的运动轨迹有很大差异。10μm 和 15μm 的细颗粒由于运动速度小，会在漏斗中呈现一定的悬浮状态，而 20μm 和 25μm 的细颗粒具有较大的沉降速度，很快会沉积到漏斗的下方，形成滤饼。由于粒度细，10μm 和 15μm 的细颗粒在压缩阶段更易穿过大颗粒形成的孔隙，发生钻隙现象。为了量化不同细颗粒的运动轨迹，标记了 4 种细颗粒在过滤过程中 XY 方向的轨迹位置，结果如图 6-13 所示，单个细颗粒在过滤过程中 Y 方向的迁移距离见表 6-2。

由图 6-13 可知，整个过滤过程中，不同粒度的单个细颗粒在 X 方向上的变化幅度并不明显，而在 Y 方向有很大的迁移。细颗粒在 Y 方向上的运动主要包括 3 个阶段，首先是在较短的时间内进行滤饼的沉积，之后达到相对稳定的一个状态，最后再在压力板的作用下进一步压缩滤饼。对于 10μm 和 15μm 的细颗粒而言，需要花费更多的时间达到 Y 方向上的稳定，而 20μm 和 25μm 的细颗粒则在很短的时间便可以完成初期的滤饼沉积过程，达到稳定状态。这是由于小颗粒的运动速度远低于大颗粒，因此形成滤饼的速度更慢。结合表 6-2 中的统计结果发

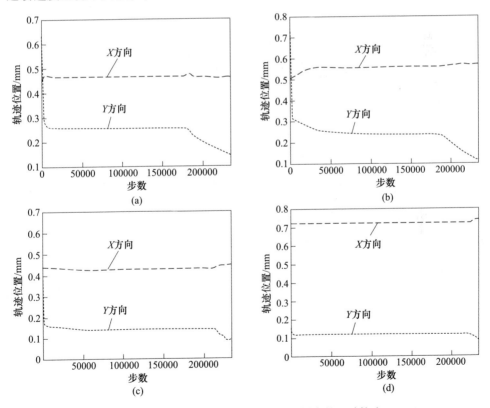

图 6-13 不同粒度的单个细颗粒在滤饼中的运动轨迹
(a) 10μm；(b) 15μm；(c) 20μm；(d) 25μm

现, 随着细颗粒粒度的减小, 颗粒在 $Y$ 方向上的迁移距离基本呈增大趋势, 10μm 和 15μm 的细颗粒迁移距离明显高于 20μm 和 25μm 的细颗粒, 说明对于 30μm 的滤饼主体颗粒而言, 颗粒粒度小于 15μm 时, 细颗粒的钻隙现象显著发生。

表 6-2    单个细颗粒在过滤过程中 $Y$ 方向的迁移距离

| 粒径/μm | 10 | 15 | 20 | 25 |
|---|---|---|---|---|
| 沉积迁移距离/mm | 0.365 | 0.494 | 0.208 | 0.150 |
| 压缩迁移距离/mm | 0.113 | 0.122 | 0.062 | 0.034 |
| 共计/mm | 0.478 | 0.616 | 0.270 | 0.184 |

### 6.2.3    细颗粒群的分布规律

本节介绍了细颗粒群对滤饼结构的影响。由于在前面的模拟中已经分析了 10μm 的细颗粒群对煤泥滤饼厚度、孔隙率的影响, 所以本节介绍另外 3 种粒度: 15μm、20μm、25μm。图 6-14 为不同粒度的细颗粒群对滤饼沉积压缩过程的影响。

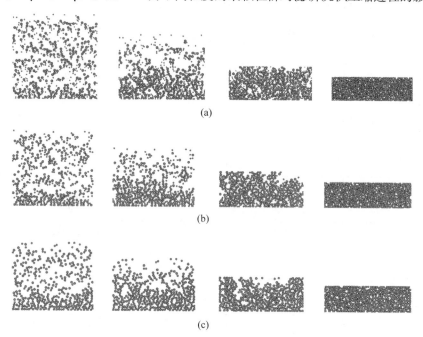

图 6-14    不同粒度的细颗粒群对滤饼沉积压缩过程的影响

(a) 15μm; (b) 20μm; (c) 25μm

由图 6-14 可知, 不同细颗粒群对滤饼主体的过滤过程影响差异很大。由于在本节模拟中, 入料选择的是等体积分数原则, 所以细颗粒群的粒度越小, 入料中的颗粒数量越多, 而颗粒越细, 其沉积速度越慢, 因而随着细颗粒群粒度的增加，滤饼的形成速度更快。结合前面研究的单颗粒运动轨迹发现，颗粒粒度越大，越不容易发生钻隙现象，得到的滤饼结构更加疏松。

接下来分析不同细颗粒群对滤饼厚度及孔隙率的影响，结果如图 6-15 和图 6-16 所示，不同粒级细颗粒群滤饼的总孔隙率变化见表 6-3。

由图 6-15 可知，滤饼进入过滤压缩阶段，滤饼的厚度随着过滤过程的进行逐渐降低。到过滤终点时，包含 15μm、20μm 和 25μm 细颗粒群的滤饼厚度分别为 0.285mm、0.287mm、0.296mm。滤饼厚度的模拟结果表明，等体积分数下，细颗粒群的粒度越小，滤饼厚度越小，滤饼结构越致密。

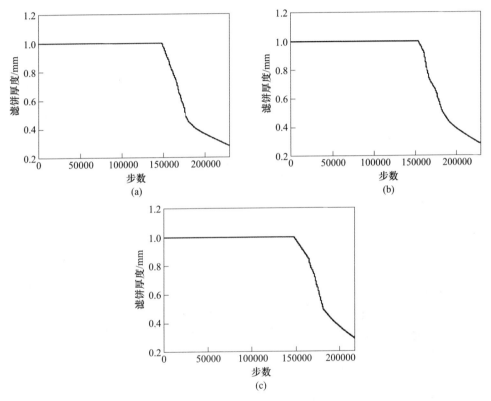

图 6-15 不同细颗粒群对滤饼厚度的影响
(a) 15μm；(b) 20μm；(c) 25μm

表 6-3 不同粒级细颗粒群滤饼的总孔隙率变化

| 粒径/μm | 总孔隙率/% |
| --- | --- |
| 10 | 14.0 |
| 15 | 15.0 |
| 20 | 15.7 |
| 25 | 18.4 |

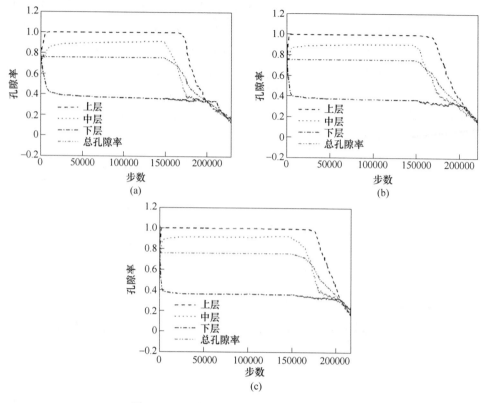

图 6-16 不同细颗粒群对滤饼孔隙率的影响

(a) 15μm; (b) 20μm; (c) 25μm

由图 6-16 可知，在进入过滤压缩阶段，滤饼各层的孔隙率随着过滤过程的进行逐渐降低。结合表 6-3 的统计结果可以发现，随着细颗粒群粒度的增加，滤饼的总孔隙率逐渐升高。综合单个细颗粒的运动轨迹及细颗粒群对滤饼结构的影响，可以发现，一方面细颗粒沉积速度缓慢，影响滤饼的形成速度。另一方面，细颗粒会发生钻隙迁移现象，降低滤饼的孔隙率，阻碍水分的排出。所以，在选择助滤剂的时候，应该考虑助滤剂对颗粒粒度的调整，尽量减少煤泥中微细颗粒的数量，降低微细粒的迁移，进而改善脱水效果。

## 6.3 基于 CT 扫描的煤泥滤饼三维结构

### 6.3.1 滤饼结构的三维分割及骨架构建体的提取

为了进一步分析复合药剂对煤泥滤饼结构的影响，本节对不同药剂类型作用下（原样、$FH_3$ 和 $GH_5$），煤泥滤饼结构进行了 CT 扫描，将孔隙部分进一步分割为单独个体，并建立孔隙网络模型、定量分析孔喉参数，确定孔喉的分布、大小和连通性等性能和参数，以表征分析滤饼孔隙结构对其过滤性能的影响。

图 6-17 和图 6-18 为 CT 扫描得到的 3 种滤饼二维 $XY$ 灰度切片和二维灰度图像，即原图像，其中，二维灰度图片尺寸为 $1500 \times 1500$ pixels，分辨率为 $1\mu m/pixel$。这些样品的原图像具有相似的灰度分布，都具有明显的双峰分布，像素点较低的为孔隙，灰度值较高的为矿物颗粒。由图 6-18（c）可知，加入骨架构建体后，煤泥滤饼中出现更多裂隙（图中的红色方框），有利于水分的排出。为了简化数据处理量，在样品的中心位置取得了代表性的 $500 \times 500 \times 500$ pixels 的子体积进行后续的处理与分析，如图 6-19 所示。

 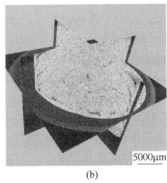 

|（a）|（b）|（c）|

图 6-17 微米 CT 的 $XY$ 灰度切片

（a）原始滤饼；（b）FH 型滤饼；（c）GH 型滤饼

  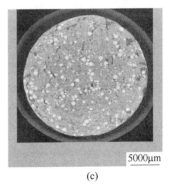

|（a）|（b）|（c）|

图 6-18 微米 CT 二维灰度切片

（a）原始滤饼；（b）FH 型滤饼；（c）GH 型滤饼

由于孔隙与颗粒的边缘区域模糊，很难区分，因此，需要对图像做进一步处

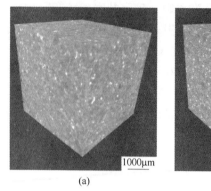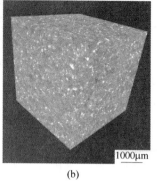

(a)　　　　　　　　　　　(b)　　　　　　　　　　　(c)

图 6-19　不同滤饼的三维子体积
（a）原始滤饼；（b）FH 型滤饼；（c）GH 型滤饼

理。本节利用 AVIZO 软件对图像进行降噪、滤波、增强对比度等预处理操作，为后续的阈值分割打下基础。由于煤泥滤饼中矿物成分比较复杂，为了更好地将其中的不同矿物及孔隙分割开来，本节选择分水岭分割算法对图像中的不同成分进行识别和提取，结果如图 6-20 和图 6-21 所示，其中，黄色部分代表孔隙。对比图 6-20 和图 6-21 （a）~（c）中的滤饼结构渲染图可知，加入药剂后，滤饼结构二维及三维渲染图中的黄色部分明显增多，加入骨架构建体后，滤饼中的孔隙显著增加。

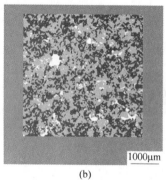

(a)　　　　　　　　　　　(b)　　　　　　　　　　　(c)

图 6-20　滤饼结构的二维分割及渲染图
（a）原始滤饼；（b）FH 型滤饼；（c）GH 型滤饼

　　为了更好地观察滤饼中骨架构建体的空间分布状态，进一步对在图 6-21 （c）中的 Micron-SiO$_2$ 球颗粒相进行形状统计，将其中的球形颗粒保留下来，通过形态学开闭运算，最终提取出骨架构建体颗粒如图 6-21 （d）所示，骨架构建体颗粒均匀地分布在滤饼三维空间当中，可以有效起到骨架支撑作用。

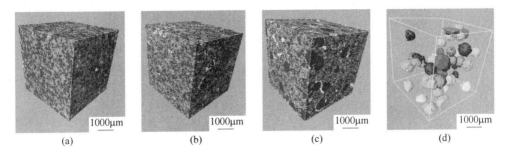

图 6-21　滤饼结构的三维分割及渲染图

（a）原始滤饼；（b）FH 型滤饼；（c）GH 型滤饼；（d）Micron-SiO$_2$ 球的空间分布

## 6.3.2　三维孔隙空间的提取分割及滤饼孔隙率的计算

为了进一步对比各个样品的孔隙特性，将图 6-21 中的孔隙相单独提取出来，并且将其分割为单独的个体，结果如图 6-22 所示。通过对滤饼三维孔隙的提取，

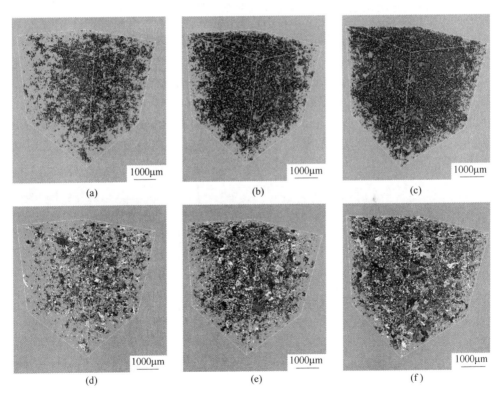

图 6-22　三维孔隙空间的提取及分割

（a）~（c）提取；（d）~（f）分割

进一步计算得到滤饼孔隙率，结果见表6-4。综合考虑图6-22和表6-4中的数据可以发现，原样滤饼中矿物颗粒在滤饼中沉积得比较密实，滤饼内部孔隙极少，而且孔隙之间大多呈现出孤立状态；添加FH型复合药剂后形成的滤饼中，颗粒之间由于絮凝作用形成了絮凝体，呈现出较为蓬松的状态，絮团内部也产生了一定量的连通孔隙；而添加GH型复合药剂后所形成的滤饼，由于骨架支撑作用，孔隙更加发达，滤饼孔隙率进一步增大，达到了6.67%。

表6-4 不同类型复合药剂对煤泥滤饼孔隙率的影响

| 样品类型 | 孔体积/$10^7\mu m^3$ | 样品体积/$10^8\mu m^3$ | 孔隙率/% |
| --- | --- | --- | --- |
| 原样 | 0.711 | 4.62 | 1.54 |
| FH型 | 2.48 | 4.62 | 5.37 |
| GH型 | 3.08 | 4.62 | 6.67 |

### 6.3.3 滤饼孔隙配位数、孔隙-喉道配置关系的计算

本节利用Avizo软件先进的最大球算法，对滤饼三维孔隙图像进行分割和校正，区分孔隙、喉道所占的空间和相互连通关系，提取真实的孔隙结构网络模型，该孔隙结构模型很好地保持了原三维滤饼中的孔隙分布特征及连通性特征（见图6-23）。其中，孔隙采用红色的球来表示，球体半径越大，则该处的孔隙半径越大；喉道是指连接孔隙的空间，用灰色的棒来显示，圆柱体表示喉道，圆柱体的半径越大，则该处的喉道半径越大。同时，运用数理统计方法可实现对孔配位数、喉道尺寸、孔喉比等孔隙结构参数的定量提取。

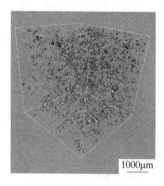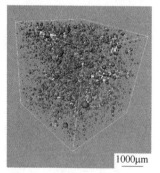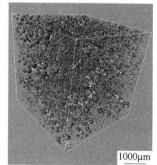

图6-23 三维孔喉网络模型（球为孔隙，棒为喉道）

配位数又称为连接数，定义为与一个孔隙连接的独立喉道的个数。本节借助孔隙网络模型的孔喉配位数分布和孔/喉道个数来研究孔隙空间的连通性和孔隙发育程度，其结果见表6-5和图6-24（a）。对比发现：原样中孔隙数量和喉道数

量分别为 9967 个和 337 个，大约 95%的孔喉配位数为零，表明该样品多为孤立状孔隙，连通性很差，多为"死"孔隙。添加 FH 型复合药剂后，滤饼中的孔隙数量增加为 21270 个，是原样的 2.13 倍，喉道数量增加为 921 个，是原样的 2.73 倍，配位数为零的孔隙减少为 88.11%，同时配位数为 1 到 6 的比例都明显上升，表明该滤饼的孔隙结构连通性相对较好。而添加 GH 型复合药剂后，滤饼中的孔隙数量增加为 31574 个，是原样的 3.17 倍，喉道数量增加为 1617 个，是原样的 4.79 倍，其孔喉配位数也明显增大，配位数为零的孔隙仅为 87.23%，甚至出现了配位数大于 10 的孔隙，这反映出骨架构建体可以有效改善滤饼孔隙的连通性，这部分高配位数的孔隙虽然数量不多，但是能够在整个空间中构成发达的连通网络，可以在过滤过程中为水分的迁移创造出更多的路径。

表 6-5 不同类型复合药剂对煤泥滤饼孔隙配位数的影响

| 孔隙配位数 | 原样/% | FH 型/% | GH 型/% |
|---|---|---|---|
| 0 | 95.424 | 88.113 | 87.232 |
| 1 | 3.202 | 5.455 | 5.279 |
| 2 | 0.929 | 2.797 | 1.179 |
| 3 | 0.256 | 1.818 | 1.617 |
| 4 | 0.129 | 1.259 | 1.313 |
| 5 | 0.040 | 0.279 | 0.703 |
| 6 | 0.020 | 0.279 | 0.687 |
| 7 | — | — | 0.528 |
| 8 | — | — | 0.428 |
| 9 | — | — | 0.416 |
| 10 | — | — | 0.409 |
| >10 | — | — | 0.209 |

为了分析煤泥滤饼中孔隙-喉道的配置关系，本节统计分析了不同药剂作用下，滤饼中孔隙和喉道的尺寸特征，结果见表 6-6。

表 6-6 孔隙-喉道配置关系

| 样品 | 孔隙半径/μm | | | 喉道半径/μm | | | 孔喉半径比 |
|---|---|---|---|---|---|---|---|
| | Max | Min | Ave | Max | Min | Ave | Ave |
| 原样 | 36.19 | 1.02 | 4.00 | 16.54 | 0.39 | 3.38 | 1.18 |
| FH 型 | 44.14 | 0.94 | 4.49 | 22.34 | 0.36 | 3.97 | 1.13 |
| GH 型 | 64.86 | 1.70 | 4.98 | 27.99 | 0.36 | 4.56 | 1.09 |

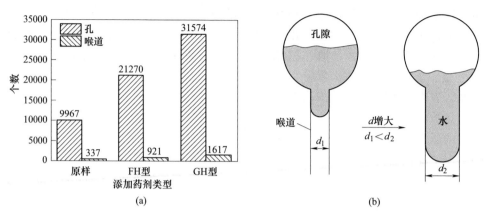

图 6-24　复合药剂对煤泥滤饼水分迁移的影响

(a) 滤饼孔和喉道个数；(b) 水分迁移示意图

对比表 6-6 中数据可以发现：不同药剂制度所形成的滤饼样品，其孔喉的尺寸有明显的差异。连通性较差的原样中，其喉道半径较细，孔喉半径比为 1.18，这样的孔喉结构在过滤过程中毛细阻力较大，水分将储存在孔隙当中，难以从喉道中排出；连通性最好的 GH 型滤饼，在三维空间多为粗大的喉道，孔喉半径比降低为 1.09，明显降低水分迁移过程中的毛细阻力，从而显著提高过滤速度。图 6-24 (b) 中展示了孔隙半径相同时，喉道直径越大，水分子所受的毛细阻力越小，水分更易排出。

# 7 煤泥滤饼颗粒迁移的数值模拟

煤泥水过滤过程中，在压力的作用下，随着时间的推移，煤泥颗粒将重新排列、沉积，引起滤饼的细观结构和力学特性的改变，如厚度、孔隙率的不均匀变化等，这是一个复杂的固液气三相间的相互作用过程。本章利用颗粒流模拟软件，考察了不同类型助滤剂对煤泥颗粒迁移的影响，明确了助滤剂对滤饼结构的调控机制，以期更好地解释药剂对煤泥的助滤机理。

## 7.1 颗粒流数值模拟介绍

PFC 是由美国 Itasca 公司开发的用于研究颗粒流系统的计算软件，目前有二维（PFC2D）和三维（PFC3D）两种，该软件属于离散元（DEM）范畴。PFC 可以用来模拟有限大小颗粒体之间的相互作用及移动。PFC2D 是以二维颗粒元模型为理论基础的，通过球体的移动和相互作用建立细观分析模型。

颗粒流理论中颗粒单元为刚性球体，颗粒之间柔性接触，可以相互独立地运动，同时可进行平移及旋转。因此，接触计算采用"力-位移定律"。采用"牛顿运动定律"，更新接触部分的接触力、更新颗粒与颗粒之间、颗粒与边界之间的位置，构成新接触，并在时步循环条件下令整体达到新的平衡。

PFC2D 颗粒元模型有如下假设：

（1）颗粒为圆盘形或球形。

（2）颗粒是刚性的，不发生变形。

（3）接触发生在极小的区域（作用在点上）。

（4）允许刚性颗粒在接触点上彼此发生重叠。

（5）重叠值与接触力有关，所有的重叠值相对颗粒尺寸都很小。就是说选取的时间步长应该足够小，以至于在一个时间步长内扰动的传播不会超过当前与之相邻的粒子。

（6）连接可以存在于颗粒间的接触点或面上。

本书采用 PFC2D 进行数值模拟的步骤为：确定模拟对象，提出计算模型及计算简图；建立初始模型，生成颗粒，定义颗粒和墙体参数，确定边界条件和初始条件；检验模型；分析模型，改变材料参数，改变边界条件；运行计算模型，分析模拟结果。

采用 Generate 命令生成颗粒，利用 fish 语言配合命令实现。结合 FBRM 对原始煤泥的测试结果，模拟中选取 3 种粒度的颗粒，包括 $10\mu m$ 的小颗粒（代表 $10\mu m$ 以下的煤泥），$30\mu m$ 的大颗粒（代表 $10\sim100\mu m$ 的煤泥），以及 $100\mu m$ 的特大颗粒（代表 $100\mu m$ 以上的煤泥）。本节模拟颗粒数量选取 1000 个，按照等体积分数原则，分别计算不同条件下煤泥颗粒的数量。本节用 Property 命令体现材料属性，其中，颗粒的密度选择 $1.3kg/m^3$，摩擦系数为 0.3，法向刚度为 $1.0\times10^6N/m$，切向刚度为 $5.0\times10^5N/m$。为简化计算，煤泥颗粒以理想化的球形颗粒来代替。

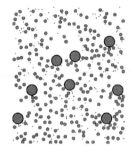

图 7-1　煤泥颗粒过滤过程数值模拟图

为了防止在颗粒生成过程中由于颗粒接触黏结强度不足而四处逃逸，需要定义墙体，墙体边界作为颗粒体生成范围的约束边界，但同时也是施加约束的边界。在生成颗粒前按照颗粒模型的尺寸生成四面墙，建立的初始模型如图 7-1 所示。

颗粒流模型的荷载主要包括主动荷载和被动荷载。主动荷载是指重力，由 Gravity 命令实现；被动荷载是指颗粒被动地施加速度和外力。综合考虑颗粒的重力及水的阻力，本节以沉降末速来设定颗粒的初速度，并加以压力来进行过滤模拟。模拟过程中，先进行颗粒沉积过程，也就是滤饼形成阶段，待颗粒沉降完成以后，再施加压力进入过滤压缩阶段，直至过滤终点结束计算，之后对比分析不同条件下煤泥过滤过程中的颗粒迁移规律和滤饼结构参数。

## 7.2　表面活性剂对颗粒迁移影响的数值模拟

### 7.2.1　表面活性剂对煤泥的疏水团聚作用

为了分析表面活性剂对煤泥颗粒的疏水团聚作用，本节通过 FBRM 测量了两种表面活性剂作用下煤泥的粒度分布。

图 7-2 为十八烷基三甲基氯化铵 STAC 的浓度为 0.35mmol/L 时，煤泥絮团尺寸的分布规律。由图 7-2 可知，十八烷基三甲基氯化铵 STAC 浓度为 0.35mmol/L 时，$10\mu m$ 以下的小颗粒数最多，约为 64958.2 个，占总颗粒数量的 69%。其次是 $10\sim100\mu m$ 的中等颗粒，数量约为 28767.5 个，占总颗粒数量的 31%。$100\sim1000\mu m$ 的大颗粒数量几乎为零。由体积分布结果可知，$10\sim100\mu m$ 的中等颗粒的体积分布最大，且随着时间的增加，体积分布稍有增大，其余粒级的颗粒体积分布随时间变化不明显。综上所述，十八烷基三甲基氯化铵 STAC 浓度为 0.35mmol/L 时，相比于原样而言，煤泥中 $10\mu m$ 以下的小颗粒占比从 74% 降低为 69%，$10\sim100\mu m$ 的中等颗粒颗粒占比从 26% 上升为 31%，说明 STAC 可以增

加煤泥颗粒的粒度。这是由于煤泥原样的亲水性强,煤泥颗粒在水中的分散性强,加入 STAC 后,煤泥颗粒的疏水性提高,在溶液中会发生疏水团聚现象,可以形成一定的微小絮团,增加颗粒的粒度。

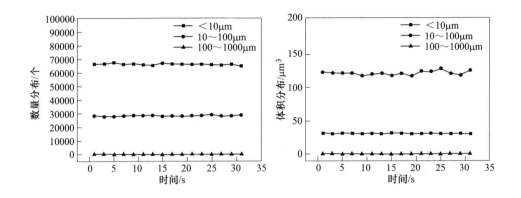

图 7-2　0.35mmol/L 的十八烷基三甲基氯化铵 STAC 对煤泥粒度分布规律的影响

图 7-3 为十二烷基硫酸钠 SDS 的浓度为 9mmol/L 时,煤泥絮团尺寸的分布规律。由图 7-3 可知,十二烷基硫酸钠 SDS 浓度为 9mmol/L 时,10μm 以下的小颗粒数最多,约为 66224.1 个,占总颗粒数量的 71%。其次是 10~100μm 的中等颗粒,数量约为 27198.2 个,占总颗粒数量的 29%。100~1000μm 的大颗粒数量几乎为零。由体积分布结果可知,10~100μm 的中等颗粒的体积分布最大,各粒级的颗粒体积分布随时间变化不明显。综上所述,十二烷基硫酸钠 SDS 浓度为 9mmol/L 时,相比于原样,煤泥中 10μm 以下的小颗粒占比从 71% 降低为 69%,10~100μm 的中等颗粒占比从 26% 上升为 29%,说明 SDS 可以增加煤泥颗粒的粒

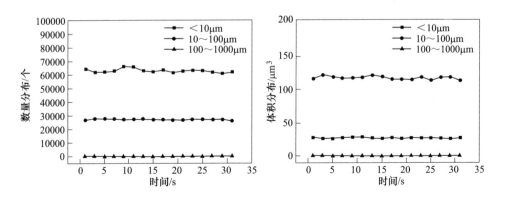

图 7-3　9mmol/L 的十二烷基硫酸钠 SDS 对煤泥粒度分布规律的影响

度，同样归因于 SDS 对煤泥颗粒疏水性的改善，进而发生疏水团聚现象，粒度测试结果与接触角的测量结果相吻合。

## 7.2.2　表面活性剂对煤泥颗粒迁移的影响

为了分析表面活性剂对煤泥颗粒迁移的影响，本节对十八烷基三甲基氯化铵 STAC 和十二烷基硫酸钠 SDS 作用下的煤泥过滤过程进行了数值模拟。基于前面的研究发现表面活性剂对煤泥颗粒有疏水团聚作用，即加入药剂后，煤泥颗粒的粒度有所增加。由 FBRM 测量结果可知，加入十八烷基三甲基氯化铵 STAC 后，煤泥中 $10\mu m$ 以下的颗粒个数约占总颗粒数量的 69%，$10 \sim 100\mu m$ 的颗粒个数约占总颗粒数量的 31%。按照等体积分数原则，加入十八烷基三甲基氯化铵 STAC 后，数值模拟中选择小颗粒数量为 610 个，大颗粒数量为 274 个。图 7-4 为 STAC 作用下煤泥颗粒的沉积压缩模拟过程。

图 7-4　STAC 作用下煤泥滤饼的沉积压缩模拟过程

由图 7-4 可知，加入十八烷基三甲基氯化铵 STAC 后，煤泥中的细颗粒减少，在沉积过程中悬浮的细颗粒数量降低，加快了滤饼的形成，与过滤试验结果相符，即加入 STAC 后，煤泥过滤时间明显减少。由于煤泥颗粒在 STAC 的疏水团聚作用下，细颗粒的迁移现象减弱，煤泥中的小絮团在滤饼形成过程中构成了较为蓬松的结构，增加了滤饼的疏松度，有助于水分的排出。

由前面 FBRM 测量结果可知，加入十二烷基硫酸钠 SDS 后，煤泥中 $10\mu m$ 以下的颗粒个数约占总颗粒数量的 71%，$10 \sim 100\mu m$ 的颗粒个数约占总颗粒数量的 29%。按照等体积分数原则，加入十二烷基硫酸钠 SDS 后，数值模拟中选择小颗粒数量为 658 个，大颗粒数量为 269 个。图 7-5 为 SDS 作用下煤泥颗粒的沉积压缩模拟过程。

对比图 7-4 和图 7-5 可知，加入十二烷基硫酸钠 SDS 后，煤泥中的细颗粒数量增多，在沉积过程中有更多的细颗粒呈悬浮状态，影响滤饼的形成，与过滤试验结果相符，即加入 SDS 后，煤泥过滤时间明显增加。由于有更多的细颗粒在滤饼中进行迁移钻隙，所以相比于十八烷基三甲基氯化铵 STAC 而言，加入 SDS 后的滤饼更加致密，但是相比于不加药剂而言，加入 SDS 后，煤泥中小颗粒数量减少，滤饼疏松度增加。

加入表面活性剂后，过滤过程中滤饼的厚度随着时间的变化如图 7-6 所示。

图7-5 SDS作用下煤泥滤饼的沉积压缩模拟过程

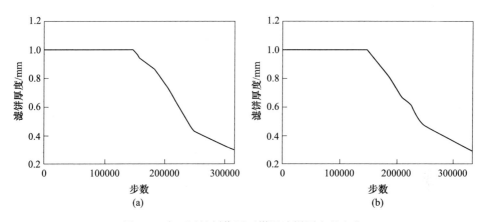

图7-6 表面活性剂作用下煤泥滤饼厚度的变化

（a）十八烷基三甲基氯化铵STAC；（b）十二烷基硫酸钠SDS

由图7-6可知，在150000步之后，滤饼进入过滤压缩阶段，滤饼的厚度随着过滤过程的进行逐渐降低。到过滤终点时，STAC作用下的滤饼厚度为0.295mm，相比于不加药剂而言，煤泥滤饼厚度增加了0.014mm。SDS作用下的滤饼厚度为0.294mm，相比于不加药剂而言，煤泥滤饼厚度增加了0.013mm。滤饼厚度的模拟结果表明加入表面活性剂后，滤饼的厚度增加，STAC比SDS的效果稍微明显，厚度的增加使得滤饼结构更加疏松，更加有利于过滤效率的提高。

### 7.2.3 表面活性剂对煤泥滤饼孔隙率的影响

加入表面活性剂后，由于疏水团聚作用，煤泥中会形成小的絮团，进而改善滤饼的结构，过滤过程中滤饼孔隙率随着时间的变化如图7-7所示。

由图7-7可知，在进入过滤压缩阶段，滤饼各层的孔隙率随着过滤过程的进行逐渐降低。到达过滤终点时，STAC作用下滤饼上层、中层、下层及总孔隙率分别为0.176、0.163、0.207、0.182。相比于不加药剂而言，煤泥滤饼总孔隙率增加了0.042。SDS作用下滤饼上层、中层、下层及总孔隙率分别为0.182、0.164、0.187、0.178。相比于不加药剂而言，煤泥滤饼总孔隙率增加了0.038。

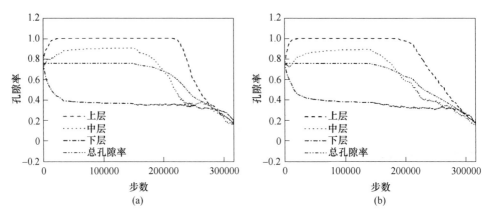

图 7-7　表面活性剂作用下煤泥滤饼孔隙率的变化
（a）十八烷基三甲基氯化铵 STAC；（b）十二烷基硫酸钠 SDS

滤饼孔隙率的模拟结果表明加入表面活性剂后，滤饼的孔隙率增加，STAC 比 SDS 的效果更加明显。结合过滤试验可以发现，加入 STAC 后煤泥过滤效果明显改善。加入 SDS 后，虽然会在疏水团聚的作用下，出现小的絮团，形成疏松的滤饼结构，但是由于 SDS 表面的负电荷使得煤泥颗粒间的排斥力增加，降低了过滤速度，所以在相同的过滤时间下，滤饼水分升高。

综上所述，在选择煤泥脱水的表面活性剂时，不仅要考虑对颗粒表面性质如电性、润湿性的改善，同时要考虑对滤饼结构的影响，只有同时降低了煤泥的电负性，增加了颗粒的疏水性，兼顾提高了滤饼的孔隙率，才会获得最佳的药剂制度，达到最好的过滤脱水效果。

## 7.3　聚丙烯酰胺对颗粒迁移影响的数值模拟

### 7.3.1　聚丙烯酰胺对煤泥颗粒迁移的影响

为了分析聚丙烯酰胺对煤泥颗粒迁移的影响，本节对阴离子聚丙烯酰胺 300 和 5250 作用下的滤饼过滤过程进行了数值模拟。由前面的 FBRM 测量结果可知，加入阴离子聚丙烯酰胺 300 后，煤泥中 $10\mu m$ 以下的颗粒个数约占总颗粒数量的 68%，$10\sim100\mu m$ 的颗粒个数约占总颗粒数量的 32%。按照等体积分数原则，加入阴离子聚丙烯酰胺 300 后，数值模拟中选择小颗粒数量为 588 个，大颗粒数量为 276 个。图 7-8 为阴离子聚丙烯酰胺 300 作用下煤泥颗粒的沉积压缩模拟过程。

由图 7-8 可知，加入阴离子聚丙烯酰胺 300 后，煤泥中的细颗粒减少，在沉积过程中悬浮的细颗粒数量降低，加快了滤饼的形成，与过滤试验结果相符，即加入阴离子聚丙烯酰胺 300 后，煤泥过滤时间明显减少。由于煤泥颗粒在阴离子

图 7-8 阴离子聚丙烯酰胺 300 作用下煤泥颗粒的沉积压缩模拟过程

聚丙烯酰胺 300 的絮凝作用下，煤泥中形成了一定数量的絮团，降低了细颗粒的迁移，有利于水分的排出。

由前面的 FBRM 测量结果可知，加入阴离子聚丙烯酰胺 5250 后，煤泥中 $10\mu m$ 以下的颗粒个数约占总颗粒数量的 37%，$10\sim100\mu m$ 的颗粒个数约占总颗粒数量的 61%，$100\sim1000\mu m$ 的颗粒个数约占总颗粒数量的 2%。按照等体积分数原则，加入阴离子聚丙烯酰胺 5250 后，数值模拟中选择小颗粒数量为 145 个，大颗粒数量为 239 个，特大颗粒直径选取为 $100\mu m$，颗粒数量为 8 个。图 7-9 为阴离子聚丙烯酰胺 5250 作用下煤泥颗粒的沉积压缩模拟过程。

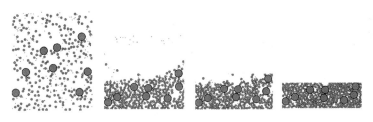

图 7-9 阴离子聚丙烯酰胺 5250 作用下煤泥颗粒的沉积压缩模拟过程

由图 7-9 可知，加入阴离子聚丙烯酰胺 5250 后，煤泥中的细颗粒急剧减少，首次出现了大颗粒数量多于小颗粒的现象，同时出现了大于 $100\mu m$ 的特大颗粒，这些特大颗粒的出现使得滤饼的形成速度相比于阴离子聚丙烯酰胺 300 而言更快，结合过滤试验可知，煤泥过滤速度明显提高。由于有更少的细颗粒进行钻隙迁移，同时大颗粒在滤饼中可以起到一定的孔隙支撑作用，所以形成的滤饼结构更加疏松。

加入阴离子聚丙烯酰胺后，过滤过程中滤饼的厚度随着时间的变化如图 7-10 所示。

由图 7-10 可知，滤饼进入过滤压缩阶段后，滤饼的厚度随着过滤过程的进行逐渐降低。到过滤终点时，阴离子聚丙烯酰胺 300 作用下的滤饼厚度为 0.299mm，相比于不加药剂，煤泥滤饼厚度增加了 0.018mm。阴离子聚丙烯酰胺 5250 作用下的滤饼厚度为 0.316mm，相比于不加药剂，煤泥滤饼厚度增加了 0.035mm。模拟结果表明加入聚丙烯酰胺后，滤饼的厚度明显增加，特别是阴离子聚丙烯酰胺 5250，厚度的增加使得滤饼结构更加疏松。

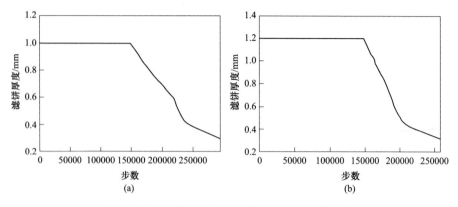

图 7-10　聚丙烯酰胺作用下煤泥滤饼厚度的变化

（a）阴离子聚丙烯酰胺 300；（b）阴离子聚丙烯酰胺 5250

### 7.3.2　聚丙烯酰胺对煤泥滤饼孔隙率的影响

加入聚丙烯酰胺后，煤泥中会形成大的絮团，进而改善滤饼的结构，过滤过程中滤饼孔隙率随着时间的变化如图 7-11 所示。

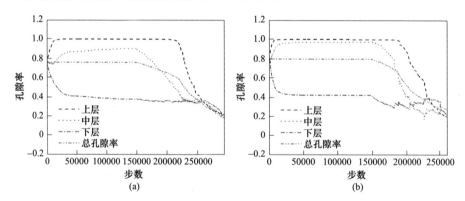

图 7-11　聚丙烯酰胺作用下煤泥滤饼孔隙率的变化

（a）阴离子聚丙烯酰胺 300；（b）阴离子聚丙烯酰胺 5250

由图 7-11 可知，在进入过滤压缩阶段，滤饼各层的孔隙率随着过滤过程的进行逐渐降低。到达过滤终点时，阴离子聚丙烯酰胺 300 作用下滤饼上层、中层、下层及总孔隙率分别为 0.208、0.186、0.188、0.194。相比于不加药剂，煤泥滤饼总孔隙率增加了 0.054。阴离子聚丙烯酰胺 5250 作用下滤饼上层、中层、下层及总孔隙率分别为 0.193、0.281、0.220、0.231。相比于不加药剂，煤泥滤饼总孔隙率增加了 0.091。由于聚丙烯酰胺的絮凝作用，滤饼中各层颗粒的粒度进行了重新排列，所以滤饼各层的孔隙率均有增加。由于阴离子聚丙烯酰胺5250的分子量更大，形成了更大的絮团，因而滤饼的孔隙率更大。

结合过滤试验可以发现，加入聚丙烯酰胺后，煤泥过滤速度明显改善。加入阴离子聚丙烯酰胺300后，由于颗粒形成的絮团较小，形成了较为疏松的滤饼结构，滤饼孔隙率增加，煤泥过滤效率提高。对于阴离子聚丙烯酰胺5250，由于其具有更大的分子量，形成了更大的絮团，煤泥的过滤速度明显提高。结合数值模拟结果可知，阴离子聚丙烯酰胺5250可以形成更为疏松的滤饼结构，滤饼孔隙率也进一步升高，但是由于模拟中无法考虑到絮团包裹水分的影响，即便孔隙率增大，滤饼最终的水分受絮团包裹及絮凝剂分子表面性质的影响并没有降低。因此，在选择煤泥脱水药剂时，既要考虑聚丙烯酰胺对颗粒粒度的调控、滤饼结构的优化，又要考虑药剂分子的表面性质及絮团对水分的包裹。

## 7.4 骨架构建体对颗粒迁移影响的数值模拟

### 7.4.1 骨架构建体对煤泥混合物粒度的影响

为了分析骨架构建体基助滤剂对煤泥混合物粒度的影响，本节以活性炭和球形 $SiO_2$ 为代表，通过 FBRM 测试了不同骨架构建体作用下煤泥颗粒的粒度分布。图 7-12 为活性炭用量为 2g 时，煤泥颗粒尺寸的分布规律。

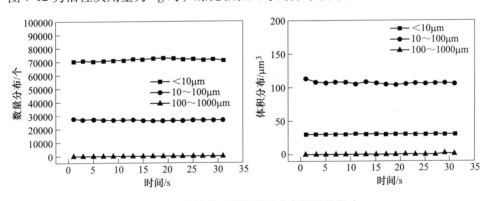

图 7-12　活性炭对煤泥粒度分布规律的影响

由图 7-12 可知，活性炭用量为 2g 时，10μm 以下的小颗粒数最多，约为 71886 个，占总颗粒数量的 73%。其次是 10~100μm 的中等颗粒，数量约为 26824.8 个，占总颗粒数量的 27%。100~1000μm 的大颗粒数量几乎为零。由体积分布结果可知，10~100μm 的中等颗粒的体积分布最大，各粒级的颗粒体积分布随时间变化不明显。综上所述，活性炭用量为 2g 时，相比于原样而言，煤泥中 10μm 以下的小颗粒占比从 74% 降低为 73%，10~100μm 的中等颗粒占比从

26%上升为27%，说明活性炭基本不能改变煤泥颗粒的粒度。这是由于活性炭样品中小颗粒数量很多，且多数集中在10μm以下，活性炭的加入相当于往煤泥中加入了更多的微细颗粒，所以不能对煤泥粒度起到调控作用。

图7-13为球形$SiO_2$用量为2g时，煤泥颗粒尺寸的分布规律。由图7-13可知，球形$SiO_2$用量为2g时，10μm以下的小颗粒数最多，约为64658个，占总颗粒数量的68%。其次是10~100μm的中等颗粒，数量约为30047.2个，占总颗粒数量的32%。100~1000μm的大颗粒数量几乎为零。由体积分布结果可知，10~100μm的中等颗粒的体积分布最大，各粒级的颗粒体积分布随时间变化不明显。综上所述，球形$SiO_2$用量为2g时，相比于原样而言，煤泥中10μm以下的小颗粒占比从74%降低为68%，10~100μm的中等颗粒占比从26%上升为32%，说明球形$SiO_2$可以明显改善煤泥混合物的粒度，可以对煤泥粒度起到调控作用。

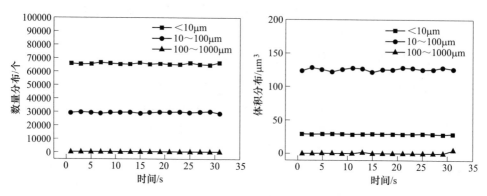

图7-13 球形$SiO_2$对煤泥粒度分布规律的影响

## 7.4.2 骨架构建体对煤泥颗粒迁移的影响

为了分析骨架构建体基助滤剂对煤泥颗粒迁移的影响，对活性炭和球形$SiO_2$作用下的滤饼过滤过程进行了数值模拟。由前面的FBRM测量结果可知，加入活性炭后，煤泥中10μm以下的颗粒个数约占总颗粒数量的73%，10~100μm的颗粒个数约占总颗粒数量的27%。按照等体积分数原则，加入活性炭后，数值模拟中选择小颗粒数量为711个，大颗粒数量为263个。图7-14为活性炭作用下煤泥颗粒的沉积压缩模拟过程。

由图7-14可知，加入活性炭后，煤泥颗粒粒度与原样基本一样，没有起到调控颗粒粒度的作用，与过滤试验结果相符，即加入活性炭后，基本不能提高煤泥水的过滤速度，滤饼的疏松程度也与原煤泥相似。

由前面的FBRM测量结果可知，加入球形$SiO_2$后，煤泥中10μm以下的颗粒

图 7-14 活性炭作用下煤泥滤饼的沉积压缩模拟过程

个数约占总颗粒数量的 68%，10~100μm 的颗粒个数约占总颗粒数量的 32%。按照等体积分数原则，加入球形 $SiO_2$ 后，数值模拟中选择小颗粒数量为 588 个，大颗粒数量为 276 个。图 7-15 为球形 $SiO_2$ 作用下煤泥颗粒的沉积压缩模拟过程。

图 7-15 球形 $SiO_2$ 作用下煤泥滤饼的沉积压缩模拟过程

由图 7-14 可知，加入球形 $SiO_2$ 后，煤泥中的细颗粒明显减少，在沉积过程中悬浮的细颗粒数量降低，加快了滤饼的形成，与过滤试验结果相符，煤泥过滤时间明显减少。球形 $SiO_2$ 的加入，调整了煤泥颗粒的粒度，在滤饼中起到了骨架支撑作用，一定程度上避免了颗粒的压缩变形，降低了细颗粒的迁移，进而使得滤饼结构更加疏松。

加入骨架构建体基助滤剂后，过滤过程中滤饼的厚度随着时间的变化如图 7-16 所示。由图 7-16 可知，滤饼进入过滤压缩阶段后，滤饼的厚度随着过滤过程的进行逐渐降低。到过滤终点时，活性炭作用下的滤饼厚度为 0.282mm，相比于不加药剂，煤泥滤饼厚度几乎没有变化。球形 $SiO_2$ 作用下的滤饼厚度为 0.295mm，相比于不加药剂，煤泥滤饼厚度增加了 0.014mm。模拟结果表明加入球形 $SiO_2$ 后，滤饼的厚度有所增加，厚度的增加使得滤饼结构更加疏松。

### 7.4.3 骨架构建体对煤泥滤饼孔隙率的影响

加入骨架构建体基助滤剂后，它们可以形成可渗透且更坚硬的晶格结构，所以煤泥滤饼的结构会得到一定的改善，过滤过程中滤饼孔隙率随着时间的变化如图 7-17 所示。

由图 7-17 可知，在进入过滤压缩阶段，滤饼各层的孔隙率随着过滤过程的

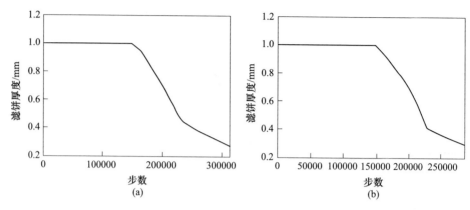

图 7-16 骨架构建体作用下煤泥滤饼厚度的变化

（a）活性炭；（b）球形 SiO$_2$

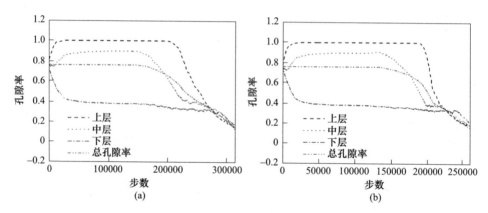

图 7-17 骨架构建体作用下煤泥滤饼孔隙率的变化

（a）活性炭；（b）球形 SiO$_2$

进行逐渐降低。到达过滤终点时，活性炭作用下滤饼上层、中层、下层及总孔隙率分别为 0.139、0.127、0.165、0.144。相比于不加药剂，煤泥滤饼总孔隙率增加了 0.004，几乎没有变化。球形 SiO$_2$ 作用下滤饼上层、中层、下层及总孔隙率分别为 0.178、0.158、0.208、0.181。相比于不加药剂，煤泥滤饼总孔隙率增加了 0.041。球形 SiO$_2$ 在煤泥滤饼中起到很好的骨架支撑作用，大的颗粒粒度和窄的粒度范围使得滤饼各层的孔隙率均增加，更加有利于煤泥脱水。

结合过滤试验可以发现，加入骨架构建体基助滤剂后，球形 SiO$_2$ 对煤泥脱水效果的改善作用更加明显。而活性炭的助滤效果一般，这是由于活性炭粒度范围大，样品中含有较多的小颗粒，且多数集中在 10μm 以下，这些微小颗粒会通过钻隙作用填充到大颗粒形成的孔隙中，进而形成更为致密的滤饼，降低滤饼孔隙率。球形 $SiO_2$ 拥有大的颗粒粒度和窄的粒度范围，在煤泥滤饼中起到了很好的骨架支撑作用，使得滤饼的孔隙率增加，易于水分的排出，改善了过滤效果。因此在选择骨架构建体基助滤剂时，需要考虑到药剂本身的粒度范围，通过优化入料粒度，可以改善滤饼结构，进而提高过滤效率。

## 7.5 复合助滤剂对煤泥颗粒迁移影响的数值模拟

### 7.5.1 复合助滤剂对煤泥颗粒的影响

为了分析复合助滤剂对煤泥颗粒的调控作用，本节通过 FBRM 测试了两种复合药剂作用下煤泥颗粒的粒度分布。图 7-18 为加入 $FH_3$ 后，煤泥颗粒尺寸的分布规律。

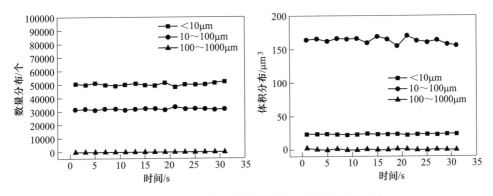

图 7-18  $FH_3$ 型复合药剂对煤泥粒度分布规律的影响

由图 7-18 可知，加入复合药剂 $FH_3$ 后，$10\mu m$ 以下的小颗粒数最多，约为 49775.9 个，占总颗粒数量的 61%。其次是 $10\sim100\mu m$ 的中等颗粒，数量约为 31960.8 个，占总颗粒数量的 39%。$100\sim1000\mu m$ 的大颗粒数量几乎为零。由体积分布结果可知，$10\sim100\mu m$ 的中等颗粒的体积分布最大，各粒级的颗粒体积分布随时间变化不明显。综上所述，加入复合药剂 $FH_3$ 后，相比于原样而言，煤泥中 $10\mu m$ 以下的小颗粒占比从 74% 降低为 61%，$10\sim100\mu m$ 的中等颗粒占比从 26% 上升为 39%，说明 FH 型复合药剂可以显著改善煤泥颗粒的粒度。

图 7-19 为加入复合药剂 $GH_5$ 后，煤泥颗粒尺寸的分布规律。由图 7-19 可知，$10\sim100\mu m$ 的中等颗粒数最多，约为 10388.7 个，占总颗粒数量的 66%。其次是 $10\mu m$ 以下的小等颗粒，数量约为 4476.44 个，占总颗粒数量的 28%。$100\mu m$ 以上的大颗粒个数为 901.151 个，约占总颗粒数量的 6%。由体积分布结果可知，$100\sim1000\mu m$ 大颗粒的体积分布最大，且随着时间的变化呈减小的趋势。综上所述，加入复合药剂 $GH_5$ 后，相比于原样，煤泥中 $10\mu m$ 以下的小颗粒

占比从 74% 降低为 28%，10~100μm 的中等颗粒占比从 26% 上升为 66%，说明 GH 型复合药剂可以显著改善煤泥颗粒的粒度，而且由于球形 $SiO_2$ 的加入，GH 型复合药剂对煤泥颗粒粒度的调控作用明显优于 FH 型复合药剂。

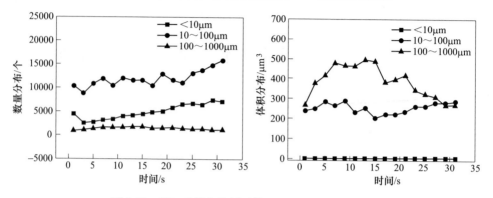

图 7-19   $GH_5$ 型复合药剂对煤泥粒度分布规律的影响

### 7.5.2   复合助滤剂对煤泥颗粒迁移的影响

为了分析复合助滤剂对煤泥颗粒迁移的影响，本节对 FH 型复合药剂和 GH 型复合药剂作用下的滤饼过滤过程进行了数值模拟。由前面的 FBRM 测量结果可知，加入 FH 型复合药剂后，煤泥中 10μm 以下的颗粒个数约占总颗粒数量的 61%，10~100μm 的颗粒个数约占总颗粒数量的 39%。按照等体积分数原则，加入 FH 型复合药剂后，数值模拟中选择小颗粒数量为 456 个，大颗粒数量为 291 个。图 7-20 为 FH 型复合药剂作用下煤泥颗粒的沉积压缩模拟过程。

图 7-20   FH 型复合药剂作用下煤泥滤饼的沉积压缩模拟过程

由图 7-20 可知，加入 FH 型复合药剂后，煤泥中的细颗粒显著减少，在沉积过程中悬浮的细颗粒数量降低，加快了滤饼的形成，与过滤试验结果相符，即加入 FH 型复合药剂后，煤泥过滤时间明显减少。煤泥颗粒在阴离子聚丙烯酰胺 300 的絮凝及十八烷基三甲基氯化铵 STAC 疏水团聚的共同作用下，形成了一定数量的絮团，这些絮团不仅加快了滤饼的形成速度，更是形成了更为疏松的滤饼结构，有利于水分的排出。

由前面的 FBRM 测量结果可知，加入 GH 型复合药剂后，煤泥中 10μm 以下的颗粒个数约占总颗粒数量的 28%，10~100μm 的颗粒个数约占总颗粒数量的 66%，100~1000μm 的颗粒个数约占总颗粒数量的 6%。按照等体积分数原则，加入 GH 型复合药剂后，数值模拟中选择小颗粒数量为 70 个，大颗粒数量为 166 个，特大颗粒直径选取为 100μm，颗粒数量为 15 个。图 7-21 为 GH 型复合药剂作用下煤泥颗粒的沉积压缩模拟过程。

图 7-21 GH 型复合药剂作用下煤泥滤饼的沉积压缩模拟过程

由图 7-21 可知，加入 GH 型复合药剂后，煤泥中的细颗粒急剧减少，同样出现了大颗粒数量多于小颗粒的现象，同时出现了大于 100μm 的颗粒，这些大颗粒的出现使得滤饼的形成速度相比于 FH 型复合药剂更快，结合过滤试验可知，煤泥过滤速度明显提高。由于有更少的细颗粒进行钻隙迁移，同时大颗粒在滤饼中可以起到一定的孔隙支撑作用，所以形成的滤饼结构更加疏松。

加入复合助滤剂后，过滤过程中滤饼的厚度随着时间的变化如图 7-22 所示。

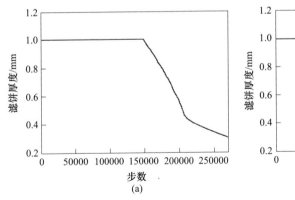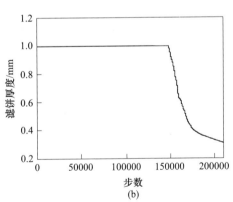

图 7-22 复合助滤剂作用下煤泥滤饼厚度的变化
(a) FH 型复合药剂；(b) GH 型复合药剂

由图 7-22 可知，滤饼进入过滤压缩阶段后，滤饼的厚度随着过滤过程的进行逐渐降低。到过滤终点时，FH 型复合药剂作用下的滤饼厚度为 0.306mm，相比于不加药剂，煤泥滤饼厚度增加了 0.025mm。GH 型复合药剂作用下的滤饼厚度为 0.315mm，相比于不加药剂而言，煤泥滤饼厚度增加了 0.034mm。模拟结果表明加入复合助滤剂后，滤饼的厚度明显增加，特别是 GH 型复合药剂，厚度的增加使得滤饼结构更加疏松。

### 7.5.3 复合助滤剂对煤泥滤饼孔隙率的影响

加入复合助滤剂后，在表面活性剂的疏水团聚及聚丙烯酰胺的絮凝作用下，煤泥中会形成大絮团及特大絮团，同时在骨架构建体的支撑作用下，共同改善滤饼的结构。过滤过程中滤饼孔隙率随着时间的变化如图 7-23 所示。

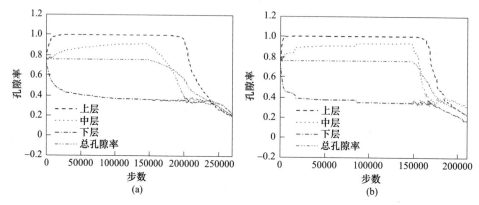

图 7-23　复合助滤剂作用下煤泥滤饼孔隙率的变化
（a）FH 型复合药剂；（b）GH 型复合药剂

由图 7-23 可知，在进入过滤压缩阶段，滤饼各层的孔隙率随着过滤过程的进行逐渐降低。到达过滤终点时，FH 型复合药剂作用下滤饼上层、中层、下层及总孔隙率分别为 0.203、0.204、0.226、0.211。相比于不加药剂，煤泥滤饼总孔隙率增加了 0.071。GH 型复合药剂作用下滤饼上层、中层、下层及总孔隙率分别为 0.168、0.306、0.232、0.235。相比于不加药剂，煤泥滤饼总孔隙率增加了 0.095。两种复合药剂均提高了滤饼孔隙率，有助于水分的排出，显著改善了煤泥的脱水效果。

结合过滤试验可以发现，加入两种复合药剂后，煤泥过滤效果均得到改善。相比于 FH 型复合药剂，GH 型复合药剂中除了十八烷基三甲基氯化铵可以对煤泥颗粒起到疏水团聚作用，阴离子聚丙烯酰胺 300 可以使小颗粒絮凝成大颗粒，GH 型复合药剂中的球形 $SiO_2$ 可以对煤泥滤饼起到骨架支撑的作用，进一步增加滤饼的孔隙率，这与 CT 试验结果也相吻合。

# 参 考 文 献

［1］ MENG X, KHOSO S A, JIANG F, et al. Removal of chemical oxygen demand and ammonia nitrogen from lead smelting wastewater with high salts content using electrochemical oxidation combined with coagulation-flocculation treatment ［J］. Separation and Purification Technology. 2020, 235: 116223.

［2］ 董宪姝. 煤泥水处理技术研究现状及发展趋势 ［J］. 选煤技术, 2018 (3): 1-8.

［3］ 闵凡飞, 陈军, 刘令云. 难沉降煤泥水处理新技术研究现状及发展趋势 ［J］. 选煤技术, 2018, 270 (5): 4-9.

［4］ JI Y, LU Q, LIU Q, et al. Effect of solution salinity on settling of mineral tailings by polymer flocculants ［J］. Colloids & Surfaces A Physicochemical & Engineering Aspects, 2013, 430: 29-38.

［5］ 李振, 于伟, 颜冬青, 等. 煤泥水处理新方法研究进展及发展趋势 ［J］. 选煤技术, 2020, 000 (1): 1-5.

［6］ SEEHRA M S, MANIVANNAN A. Dewatering of fine coal slurries by selective heating with microwaves ［J］. Fuel, 2007, 86: 829-834.

［7］ 刘云霞, 董宪姝, 樊玉萍, 等. 粒径对煤泥絮团特性及沉降效果的影响 ［J］. 中国粉体技术, 2017, 5 (23): 65-69.

［8］ OSINTSEV K V, KORABELNIKOVA D P, BOLKOV Y S. Combined environmentally friendly technology for recycling of coal-water slurries in coal mining ［J］. Iop Conference, 2020, 579 (1): 12110-12115.

［9］ BANERJEE S, SASTRI B, AGGARWAL S, et al. Dewatering coal with supercritical Carbon Dioxide ［J］. International Journal of Coal Preparation and Utilization, 2020, (9): 1-7.

［10］ SEEHRA M S, KALRA A, MANIVANNAN A. Dewatering of fine coal slurries by selective heating with microwaves ［J］. Fuel, 2007, 86 (5/6): 829-834.

［11］ WU J, WANG J, LIU J, et al. Moisture removal mechanism of low-rank coal by hydrothermal dewatering: Physicochemical property analysis and DFT calculation ［J］. Fuel, 2017, 187: 242-249.

［12］ WANG C, HARBOTTLE D, LIU Q, et al. Current state of fine mineral tailings treatment: A critical review on theory and practice ［J］. Minerals Engineering, 2014, 58 (4): 113-131.

［13］ 张明青, 刘炯天, 王永田. 煤变质程度对煤泥水沉降性能的影响 ［J］. 煤炭科学技术, 2008, 36 (11): 102-104.

［14］ MURRAY H H. Chapter 2 Structure and Composition of the Clay Minerals and their Physical and Chemical Properties ［J］. Developments in Clay Science, 2006, 2: 7-31.

［15］ 刘炯天, 张明青, 艳曾. 不同类型黏土对煤泥水中颗粒分散行为的影响 ［J］. 中国矿业大学学报, 2010, 39 (1): 59-63.

［16］ 林喆, 杨超, 沈正义, 等. 高泥化煤泥水的性质及其沉降特性 ［J］. 煤炭学报, 2010, 35 (2): 312-315.

［17］ MA, XIAOMIN, FAN, et al. Impact of clay minerals on the dewatering of coal slurry: An experimental and molecular-simulation study [J]. Minerals, 2018, 8 (400): 1-16.

[18] RONG R X, et al. Preliminary study of correlations between fine coal characteristics and properties and their dewatering behaviour [J]. Minerals Engineering, 1995, 8 (3): 293-309.

[19] 张明青, 刘炯天, 王永田. 水质硬度对煤泥水中煤和高岭石颗粒分散行为的影响 [J]. 煤炭学报, 2008, 33 (9): 1058-1062.

[20] 闵凡飞, 赵晴, 李宏亮, 等. 煤泥水中高岭土颗粒表面荷电特性研究 [J]. 中国矿业大学学报, 2013, 42 (2): 284-290.

[21] LIU C, MIN F, LIU L, et al. Hydration properties of alkali and alkaline earth metal ions in aqueous solution: A molecular dynamics study [J]. Chemical Physics Letters, 2019, 727: 31-37.

[22] 张志军, 刘炯天. 基于原生硬度的煤泥水沉降性能分析 [J]. 煤炭学报, 2014, 39 (4): 757-763.

[23] 亓欣, 匡亚莉, 林喆, 等. 高灰细泥煤泥水沉降实验研究 [J]. 煤炭工程, 2011 (2): 88-90.

[24] 闵凡飞, 张明旭, 朱金波. 高泥化煤泥水沉降特性及凝聚剂作用机理研究 [J]. 矿冶工程, 2011, 31 (4): 55-62.

[25] PATIL D P, et al. Determination of free and bound water in fine coal filter cake [J]. Coal Preparation, 2004, 24: 217-232.

[26] TAO D, et al. Effects of vacuum filtration parameters on ultrafine coal dewatering [J]. Coal Preparation, 2000, 21 (3): 315-335.

[27] REN K, DU H, YANG Z, et al. Separation and sequential recovery of tetracycline and Cu (II) from water using reusable thermoresponsive chitosan-based flocculant [J]. Acs Appl Mater Interfaces, 2017, 9 (11): 10266-10275.

[28] LEE C S, ROBINSON J, CHONG M F. A review on application of flocculants in wastewater treatment [J]. Process Safety and Environmental Protection, 2014, 92 (6): 489-508.

[29] CAMERON, NEIL R, DAO, et al. Synthesis, properties and performance of organic polymers employed in flocculation applications [J]. Polymer chemistry, 2016, 7: 11-25.

[30] REIS L G, OLIVEIRA R S, PALHARES T N, et al. Using acrylamide/propylene oxide copolymers to dewater and densify mature fine tailings [J]. Minerals Engineering, 2016, 95: 29-39.

[31] ABDOLLAHI Z, FROUNCHI M, DADBIN S. Synthesis, characterization and comparison of PAM, cationic PDMC and P (AM-co-DMC) based on solution polymerization [J]. Journal of Industrial and Engineering Chemistry, 2011, 17 (3): 580-586.

[32] 张晋霞, 杨建国, 陈小国, 等. 表面活性剂在选煤工业中的应用 [J]. 煤炭技术, 2004, 23 (10): 67-68.

[33] MA J, FU K, FU X, et al. Flocculation properties and kinetic investigation of polyacrylamide with different cationic monomer content for high turbid water purification [J]. Separation & Purification Technology, 2017, 182: 134-143.

［34］朱书全，降林华，邹立壮. 微细粒煤泥水用絮凝剂的合成与应用［J］. 中国矿业大学学报，2009，38（4）：534-539.

［35］TAO D，PAREKH B K，LIU J T，et al. An investigation on dewatering kinetics of ultrafine coal［J］. International Journal of Mineral Processing，2003，70（1/2/3/4）：235-249.

［36］HAN L，LI X，XIN C，et al. Molecular weight dependence of synthetic glycopolymers on flocculation and dewatering of fine particles［J］. Langmuir，2016，32（44）：11615-11622.

［37］REN H，CHEN W，ZHENG Y，et al. Effect of hydrophobic group on flocculation properties and dewatering efficiency of cationic acrylamide copolymers［J］. Reactive & Functional Polymers，2007，67（7）：601-608.

［38］CLARK A Q，HERRINGTON T M，PETZOLD J C. The flocculation of kaolin suspensions with anionic polyacrylamides of varying molar mass and anionic character［J］. Macromolecular Chemistry & Physics，1990，44（5）：247-261.

［39］SINGH B P，BESRA L，REDDY P，et al. Use of surfactants to aid the dewatering of fine clean coal［J］. Fuel，1998，77（12）：1349-1356.

［40］CHEN J，MIN F，LIU L，et al. Hydrophobic aggregation of fine particles in high muddied coal slurry water［J］. Water Science & Technology，2016，73（3）：501-510.

［41］闵凡飞，任豹，陈军，等. 基于水化膜弱化促进煤泥脱水机理及试验研究［J］. 煤炭学报，2020，45（1）：368-376.

［42］KOPPARTHI P，SACHINRAJ D，CHARAN T G，et al. Optimization of surfactant-aided coarse coal dewatering process in a pilot-scale centrifuge［J］. Powder technology，2019，349：12-20.

［43］常晓华，李志红，樊民强. 煤泥脱水助滤剂的组合与优化［J］. 中国煤炭，2019，45（3）：77-79.

［44］EJTEMAEI M，RAMLI S，OSBORNE D，et al. Synergistic effects of surfactant-flocculant mixtures on ultrafine coal dewatering and their linkage with interfacial chemistry［J］. Journal of Cleaner Production，2019，232：953-965.

［45］JABIR HUSSAIN，MOHAMMED SAEDI JAMI，S. A. Muyibi. Enhancement of dewatering properties of kaolin suspension by using cationic polyacrylamide（PAM-C）flocculant and surfactants［J］. Australian Journal of Basic and Applied Sciences，2012，（1）：70-73.

［46］张英杰. 煤泥水化学微生物法深度处理的基础研究［D］. 徐州：中国矿业大学，2014.

［47］BESRA L，SENGUPTA D K，ROY S K. Flocculant and surfactant aided dewatering of fine particle suspensions：A review［J］. Mineral Processing & Extractive Metallurgy Review，1998，18（1）：67-103.

［48］BESRA L，SENGUPTA D K，ROY S K，et al. Flocculation and dewatering of kaolin suspensions in the presence of polyacrylamide and surfactants［J］. International Journal of Mineral Processing，2002，66（1）：203-232.

［49］ZHANG W，CHEN Z，CAO B，et al. Improvement of wastewater sludge dewatering performance using titanium salt coagulants（TSCs）in combination with magnetic nano-particles：Significance of titanium speciation［J］. Water Research，2016，110（1）：102-111.

[50] 张延利, 刘中凯, 孙凤娟, 等. 高温拜耳法赤泥制备高效活化剂及骨架构建体调理市政污泥的研究 [J]. 硅酸盐通报, 2020, 39 (10): 3321-3326.

[51] 庞鹤亮, 薛佳欣, 郭刘婷, 等. 海水淡化 RO 浓盐废水强化污泥絮体结构及脱水性能研究 [J]. 给水排水, 2020, 046 (4): 106-113.

[52] 刘鹏, 刘欢, 姚洪, 等. 芬顿试剂及骨架构建体对污泥脱水性能的影响 [J]. 环境科学与技术, 2013, 036 (10): 146-151.

[53] 张昊, 杨家宽, 虞文波, 等. Fenton 试剂与骨架构建体复合调理剂对污泥脱水性能的影响 [J]. 环境科学学报, 2013, 33 (10): 2742-2749.

[54] 刘欢, 李亚林, 时亚飞, 等. 无机复合调理剂对污泥脱水性能的影响 [J]. 环境化学, 2011, 30 (11): 1877-1882.

[55] QI Y, THAPA K B, HOADLEY A F A. Benefit of lignite as a filter aid for dewatering of digested sewage sludge demonstrated in pilot scale trials [J]. Chemical Engineering Journal, 2011, 166 (2): 504-510.

[56] GUITONAS A, HATZINIKOLAOU N, RIZIOTIS C. The use of fly ash as conditioner for dewatering of biological sludges in drying beds [J]. Toxicological & Environmental Chemistry Reviews, 1991, 31 (1): 587-592.

[57] B C C A, C P Z, B G Z A, et al. Sewage sludge conditioning with coal fly ash modified by sulfuric acid [J]. Chemical Engineering Journal, 2010, 158 (3): 616-622.

[58] BENÍTEZ J, RODRÍGUEZ A, SUÁREZ A. Optimization technique for sewage sludge conditioning with polymer and skeleton builders [J]. Water Research, 1994, 28 (10): 2067-2073.

[59] WU C N, LI W H, LING Q, et al. Dewaterability of excess activated sludge with fly ash conditioning [J]. Advanced Materials Research, 2013, 726-731: 2651-2654.

[60] ZHAO Y Q. Enhancement of alum sludge dewatering capacity by using gypsum as skeleton builder [J]. Colloids & Surfaces A Physicochemical & Engineering Aspects, 2002, 211 (2-3): 205-212.

[61] ZHAO Y Q. Involvement of gypsum ($CaSO_4 \cdot 2H_2O$) in water treatment sludge dewatering: A potential benefit in disposal and reuse [J]. Separation Science and Technology, 2006, 41 (12): 2785-2794.

[62] ZHAO Y Q, BACHE D H. Conditioning of alum sludge with polymer and gypsum [J]. Colloids & Surfaces A Physicochemical & Engineering Aspects, 2001, 194 (1): 213-220.

[63] SMOLLEN, KAFAAR. Investigation into alternative sludge conditioning prior to dewatering [J]. WATER SCI TECHNOL, 1997, 1997, 36 (11): 115-119.

[64] LIN Y F, JING S R, LEE D Y. Recycling of wood chips and wheat dregs for sludge processing [J]. Bioresource Technology, 2001, 76 (2): 161-163.

[65] 杨斌, 杨家宽, 唐毅, 等. 粉煤灰和生石灰对生活污水污泥脱水影响研究 [J]. 环境科学与技术, 2007, 30 (4): 98-99.

[66] 时亚飞, 杨家宽, 李亚林, 等. 基于骨架构建的污泥脱水/固化研究进展 [J]. 环境科学与技术, 2011, 34 (11): 70-75.

［67］LEE D Y, JING S R, LIN Y F. Using seafood waste as sludge conditioners.［J］. Water Science & Technology, 2001, 44（10）: 301-307.

［68］杨艳坤，李激，陈晓光，等. 竹粉骨架构建体对污泥脱水性能的影响［J］. 中国给水排水 . 2017（19）: 63-67.

［69］DENEUX-MUSTIN S, LARTIGES B S, VILLEMIN G, et al. Ferric chloride and lime conditioning of activated sludges: An electron microscopic study on resin-embedded samples［J］. Water Research. 2001, 35（12）: 3018-3024.

［70］CHEN S H, LIU J C, CHENG G H, et al. Conditioning and dewatering of phosphorus-rich biological sludge［J］. Drying Technology. 2006, 24（10）: 1217-1223.

［71］FAN Y, DONG X, LI H. Dewatering effect of fine coal slurry and filter cake structure based on particle characteristics［J］. Vacuum, 2015, 114: 54-57.

［72］王雪伟，张文军，胡格伟，等. 煤浆离心脱水和机械压滤的滤饼层粒度分布及其影响［J］. 煤炭学报, 2014, 39（10）: 2087-2091.

［73］LIU J, LI Y, LI Y, et al. Effects of pore structure on thermal conductivity and strength of alumina porous ceramics using carbon black as pore-forming agent［J］. Ceramics International, 2016, 42（7）: 8221-8228.

［74］徐坦，朱企新，陈旭，等. 滤饼结构造影测试的研究［J］. 化学工程, 2008, 36（2）: 75-78.

［75］赵扬，徐厚昌，鲁淑群，等. 滤饼微观结构及其测量结果的分析研究［J］. 流体机械, 2010, 38（8）: 31-37.

［76］石常省，谢广元，张悦秋. 细粒煤压滤滤饼的微观结构分析［J］. 中国矿业大学学报, 2006, 35（1）: 99-103.

［77］罗茜. 成饼脱水中脱水介质阻力与堵塞研究的进展［J］. 脱水与分离, 2007, 17（3）: 37-45.

［78］徐新阳，邓常烈，罗茜，等. 滤饼结构的分形研究［J］. 金属矿山, 1993, No.9: 42-46.

［79］ZHANG YINGJIE, GONG, et al. Physical properties and filter cake structure of fine clean coal from flotation［J］. International Journal of Mining Science & Technology, 2014, 24（2）: 281-284.

［80］许莉，李文苹，朱企新，等. 动态脱水滤饼结构的研究［J］. 流体机械, 2000, 28（5）: 26-28.

［81］李文苹. 十字流陶瓷膜微波理论及应用的研究［D］. 天津: 天津大学, 1998.

［82］徐新阳，徐继润，邓常烈，等. 气压脱水的成饼动力学及其滤饼的分形结构［J］. 化工学报, 1995, 46（1）: 8-14.

［83］孙丰阁. 高剪切作用下陶瓷膜微滤性能研究［D］. 天津: 天津大学, 1997.

［84］WANG Y, LIN C L, MILLER J D. 3D image segmentation for analysis of multisize particles in a packed particle bed［J］. Powder Technology, 2016, 301: 160-168.

［85］LIN C L, MILLER J D. Pore structure and network analysis of filter cake［J］. Chemical Engineering Journal（Lausanne, Switzerland: 1996）, 2000, 80（1）: 221-231.

［86］ LIN C L, MILLER J D. Pore structure analysis of particle beds for fluid transport simulation during filtration ［J］. International Journal of Mineral Processing, 2004, 73（2/3/4）: 281-294.

［87］ LI Y, XIA W, WEN B, et al. Filtration and dewatering of the mixture of quartz and kaolinite in different proportions ［J］. Journal of Colloid and Interface Science, 2019, 555: 731-739.

［88］ CHEN T, ZHAO Y, SONG S. Electrophoretic mobility study for heterocoagulation of montmorillonite with fluorite in aqueous solutions ［J］. Powder Technology, 2016, 309: 61-67.

［89］ 陈军, 闵凡飞, 刘令云, 等. 微细煤与高岭石颗粒间的分子动力学模拟研究 ［J］. 煤炭学报, 2019, 044（6）: 1867-1875.

［90］ XU Z, LIU J, CHOUNG J W, et al. Electrokinetic study of clay interactions with coal in flotation ［J］. International Journal of Mineral Processing, 2003, 68（1）: 183-196.

［91］ CHEN R, DONG X, FAN Y, et al. Interaction between STAC and coal/kaolinite in tailing dewatering: An experimental and molecular-simulation study ［J］. Fuel, 2020, 279: 118224.

［92］ 滕英跃, 廉士俊, 宋银敏, 等. 基于 1H-NMR 的胜利褐煤原位低温干燥过程中弛豫时间及孔结构变化 ［J］. 煤炭学报, 2014（12）: 2525-2530.

［93］ FENG Z, DONG X, FAN Y, et al. Use of X-ray microtomography to quantitatively characterize the pore structure of three-dimensional filter cakes ［J］. Minerals Engineering, 2020, 152: 106275.

［94］ 毛华臻, 王飞, 毛飞燕, 等. 水热处理对污泥水分分布的影响 ［J］. 浙江大学学报（工学版）2016, 50（12）: 2283-2356.

［95］ LIU Y, LIU S. Wettability modification of lignite by adsorption of dodecyl based surfactants for inhibition of moisture re-adsorption ［J］. Journal of Surfactants and Detergents, 2017, 20（3）: 707-716.

［96］ YANG Z, LIU S, ZHANG W, et al. Enhancement of coal waste slurry flocculation by CTAB combined with bioflocculant produced by azotobacter chroococcum ［J］. Separation and Purification Technology, 2019, 211: 587-593.

［97］ SINGH B P. The influence of surface phenomena on the dewatering of fine clean coal ［J］. Filtration & Separation, 1997, 34（2）: 159-163.

［98］ VAZIRI HASSAS B, KARAKAŞ F, ÇELIK M S. Ultrafine coal dewatering: Relationship between hydrophilic lipophilic balance（HLB）of surfactants and coal rank ［J］. International Journal of Mineral Processing, 2014, 133: 97-104.

［99］ EASTOE J, DALTON J S. Dynamic surface tension and adsorption mechanisms of surfactants at the air-water interface ［J］. Advances in Colloid and Interface Science, 2000, 85（2）: 103-144.

［100］ KANG K, KIM H, LIM K, et al. Mixed micellization of anionic ammonium dodecyl sulfate and cationic octadecyl trimethyl ammonium chloride ［J］. Bull. Korean Chem. Soc, 2001,（22）: 1009-1014.

［101］ SINGH B P. The role of surfactant adsorption in the improved dewatering of fine coal ［J］. Fuel, 1999,（78）: 501-506.

［102］XIA Y, ZHANG R, XING Y, et al. Improving the adsorption of oily collector on the surface of low-rank coal during flotation using a cationic surfactant: An experimental and molecular dynamics simulation study ［J］. Fuel, 2019, 235: 687-695.

［103］Nikoobakht B, El-Sayed M A. Evidence for bilayer assembly of cationic surfactants on the surface of gold nanorods ［J］. Langmuir, 2001, 17（20）: 6368-6374.

［104］THAPA K B, QI Y, CLAYTON S A, et al. Lignite aided dewatering of digested sewage sludge ［J］. Water Research, 2009, 43（3）: 623-634.

［105］肖航, 杨硕, 史佳晟, 等. 城市污泥脱水速率与泥饼含水率的表征差异性研究 ［J］. 环境科学学报, 2016, 36（2）: 564-568.

［106］ZHAO P, GE S, CHEN Z, et al. Study on pore characteristics of flocs and sludge dewaterability based on fractal methods（pore characteristics of flocs and sludge dewatering）［J］. Applied Thermal Engineering, 2013, 58（s1-2）: 217-223.

［107］朱春云, 李国胜, 韩加展, 等. 低阶煤的表面改性及其与气泡的碰撞黏附行为 ［J］. 中国矿业大学学报, 2019, 48（4）: 895-902.

［108］TANG X, SI Y, GE J, et al. In situ polymerized superhydrophobic and superoleophilic nanofibrous membranes for gravity driven oil-water separation. ［J］. Nanoscale, 2013, 5（23）: 11657.

［109］顾春元, 狄勤丰, 景步宏, 等. 疏水纳米 $SiO_2$ 抑制黏土膨胀机理 ［J］. 石油学报, 2012, 33（6）: 1028-1031.

［110］AN M, LIAO Y, GUI X, et al. An investigation of coal flotation using nanoparticles as a collector ［J］. International Journal of Coal Preparation and Utilization, 2017: 1-12.

［111］王新亮, 狄勤丰, 张任良, 等. 纳米颗粒吸附岩心表面的强疏水特征 ［J］. 物理学报, 2012（21）: 367-374.

［112］JIN Y, ZHENG X, CHI Y, et al. Experimental study and assessment of different measurement methods of water in oil sludge ［J］. Drying Technology, 2014, 32（3）: 251-257.

［113］SUN X, YAO Y, LIU D, et al. Interactions and exchange of $CO_2$ and $H_2O$ in coals: An investigation by low-field NMR relaxation ［J］. Sci Rep, 2016, 6: 19919.

［114］LU, SHENGYONG, MAO, et al. Measurement of water content and moisture distribution in sludge by H-1 nuclear magnetic resonance spectroscopy ［J］. Drying Technology An International Journal, 2016.

［115］倪冠华, 李钊, 解宏超. 基于核磁共振测试的煤层水锁效应解除方法 ［J］. 煤炭学报, 2018, 43（8）: 194-201.

［116］WANG Y. Research and application of oil sludge resource utilization technology in oil field ［J］. IOP Conference Series Earth and Environmental Science, 2018, 170（3）: 32026.

［117］JIN Y, ZHENG X, CHI Y, et al. Rapid, accurate measurement of the oil and water contents of oil sludge using low-field NMR ［J］. Industrial & Engineering Chemistry Research, 2013, 52（6）: 2228-2233.

［118］BEAUSSART A, PARKINSON L, MIERCZYNSKA-VASILEV A, et al. Adsorption of modified dextrins on molybdenite: AFM imaging, contact angle, and flotation studies

[J]. Journal of Colloid & Interface Science, 2012, 368 (1): 608-615.

[119] SIRETANU I, DIRK V D E, MUGELE F. Atomic structure and surface defects at mineral-water interfaces probed by in situ atomic force microscopy [J]. Nanoscale, 2016, 8 (15): 8220-8227.

[120] GUPTA V, HAMPTON M A, NGUYEN A V, et al. Crystal lattice imaging of the silica and alumina faces of kaolinite using atomic force microscopy [J]. J Colloid Interface, 2010, 352 (1): 75-80.

[121] HAMPTON M A, PLACKOWSKI C, NGUYEN A V. Physical and chemical analysis of elemental sulfur formation during galena surface oxidation. [J]. Langmuir, 2011, 27 (7): 4190-4201.

[122] LEI, XIE, JINGYI, et al. Probing surface interactions of electrochemically active galena mineral surface using atomic force microscopy [J]. J. Phys. Chem. C, 2016, 120 (39): 22433-22442.

[123] LEIRO J A, TORHOLA M, LAAJALEHTO K. The AFM method in studies of muscovite mica and galena surfaces [J]. Journal of Physics & Chemistry of Solids, 2017, 100: 40-44.

[124] BEAUSSART A, PARKINSON L, MIERCZYNSKA-VASILEV A, et al. Adsorption of modified dextrins on molybdenite: AFM imaging, contact angle, and flotation studies [J]. Journal of Colloid & Interface Science, 2012, 368 (1): 608-615.

[125] SEIEDI O, RAHBAR M, NABIPOUR M, et al. Atomic force microscopy (AFM) investigation on the surfactant wettability alteration mechanism of aged mica mineral surfaces [J]. Energy & Fuels, 2011, 25 (1): 183-188.

[126] FIELDEN M L, CLAESSON P M, VERRALL R E. Investigating the adsorption of the gemini surfactant "12212" onto mica using atomic force microscopy and surface force apparatus measurements [J]. Langmuir, 1999, 15 (11): 3924-3934.

[127] DONG J, MAO G. Direct study of $C_{12}E_5$ aggregation on mica by atomic force microscopy imaging and force measurements [J]. Langmuir, 2000, 16 (16): 6641-6647.

[128] FERRARI M, RAVERA F, VIVIANI M, et al. Characterization of surfactant aggregates at solid-liquid surfaces by atomic force microscopy [J]. Colloids & Surfaces A, 2004, 249 (1/2/3): 63-67.

[129] CHENNAKESAVULU K, RAJU G B, PRABHAKAR S, et al. Adsorption of oleate on fluorite surface as revealed by atomic force microscopy [J]. International Journal of Mineral Processing, 2009, 90 (1/2/3/4): 101-104.

[130] PAIVA P R P, MONTE M B M, SIM O R A, et al. In situ AFM study of potassium oleate adsorption and calcium precipitate formation on an apatite surface [J]. Minerals Engineering, 2011, 24 (5): 387-395.

[131] WARR G G. Surfactant adsorbed layer structure at solid/solution interfaces: Impact and implications of AFM imaging studies [J]. Current Opinion in Colloid & Interface Science, 2000, 5 (1/2): 88-94.

[132] YIN X, GUPTA V, DU H, et al. Surface charge and wetting characteristics of layered silicate

minerals [J]. Advances in Colloid & Interface Science, 2012, 179-182: 43-50.

[133] FRITZSCHE J R, PEUKER U A. Particle adhesion on highly rough hydrophobic surfaces: The distribution of interaction mechanisms [J]. Colloids & Surfaces A Physicochemical & Engineering Aspects, 2014, 459: 166-171.

[134] RUDOLPH M, PEUKER U A. Hydrophobicity of minerals determined by atomic force microscopy-A tool for flotation research [J]. Chemie Ingenieur Technik-CIT, 2014, 86 (6): 865-873.

[135] XING Y, GUI X, CAO Y. Effect of calcium ion on coal flotation in the presence of kaolinite clay [J]. Energy & Fuels, 2016, 30 (2): 1517-1523.

[136] XING, YAOWEN, GUI, et al. Interaction forces between coal and kaolinite particles measured by atomic force microscopy [J]. Powder Technology, 2016, 301: 349-355.

[137] FORBES E. Shear, selective and temperature responsive flocculation: A comparison of fine particle flotation techniques [J]. International Journal of Mineral Processing, 2011, 99 (1/2/3/4): 1-10.

[138] LOUIS E, FLORES F, ECHENIQUE P M. Theory of scanning tunneling spectroscopy [J]. Radiation Effects, 1989, 109 (1/2/3/4): 309-323.

[139] HECHT B, SICK B, WILD U P, et al. Scanning near-field optical microscopy with aperture probes: Fundamentals and applications [J]. Journal of Chemical Physics, 2000, 112 (18): 7761-7774.

[140] MATEY J R, BLANC J. Scanning capacitance microscopy [J]. Journal of Applied Physics, 1985, 57 (5): 1437-1444.

[141] RUGAR D, MAMIN H J, GUETHNER P, et al. Magnetic force microscopy: General principles and application to longitudinal recording media [J]. Journal of Applied Physics, 1990, 68 (3): 1169-1183.

[142] HUSHAN H, SRAACHV J, ANDMAN U. Nanotribology: Friction, wear and lubrication at the atomic scale [J]. Nature, 1995, 374 (6523): 607-616.

[143] MARTIN Y, ABRAHAM D W, WICKRAMASINGHE H K. High-resolution capacitance measurement and potentiometry by force microscopy [J]. Applied Physics Letters, 1988, 52 (13): 1103-1105.

[144] NONNENMACHER M, OBOYLE M P, WICKRAMASINGHE H K. Kelvin probe force microscopy [J]. Applied Physics Letters, 1991, 58 (25): 2921-2923.

[145] ATLURI V, JIN J, SHRIMALI K, et al. The hydrophobic surface state of talc as influenced by aluminum substitution in the tetrahedral layer [J]. Journal of Colloid and Interface Science, 2019, 536: 737-748.

[146] FRANKS G V, MEAGHER L. The isoelectric points of sapphire crystals and alpha-alumina powder [J]. Colloids and Surfaces A: Physicochemical and Engineering Aspects, 2003, 214 (1): 99-110.

[147] GUPTA V, MILLER J D. Surface force measurements at the basal planes of ordered kaolinite particles [J]. Journal of Colloid & Interface Science, 2010, 344 (2): 362-371.

[148] WANG S, ALAGHA L, XU Z. Adsorption of organic-inorganic hybrid polymers on kaolin from aqueous solutions [J]. Colloids and Surfaces A: Physicochemical and Engineering Aspects, 2014, 453: 13-20.

[149] VENKIDUSAMY K, MEGHARAJ M, SCHRÖDER U, et al. Electron transport through electrically conductive nanofilaments in Rhodopseudomonas palustris strain RP2 [J]. RSC Advances, 2015, 5 (122): 100790-100798.

[150] LIANG G, NGUYEN A V, CHEN W, et al. Interaction forces between goethite and polymeric flocculants and their effect on the flocculation of fine goethite particles [J]. Chemical Engineering Journal, 2018, 334: 1034-1045.

[151] SABAH E, ERKAN Z E. Interaction mechanism of flocculants with coal waste slurry [J]. Fuel, 2006, 85 (3): 350-359.

[152] BRANT J A, CHILDRESS A E. Membrane-colloid interactions: Comparison of extended DLVO predictions with AFM force measurements [J]. Environmental Engineering Science, 2002, 19 (6): 413-427.

[153] WOOD J, SHARMA R. How long is the long-range hydrophobic attraction? [J]. Langmuir, 1995, 11 (12): 4797-4802.

[154] MIN, FANFEI, LIU, et al. Investigation on hydration layers of fine clay mineral particles in different electrolyte aqueous solutions [J]. Powder Technology, 2015, 283: 368-372.

[155] SONG S, LU S. Hydrophobic flocculation of fine hematite, siderite, and rhodochrosite particles in aqueous solution [J]. Journal of Colloid & Interface Science, 1994, 166 (1): 35-42.

[156] SABAH E, CENGIZ I. An evaluation procedure for flocculation of coal preparation plant tailings [J]. Water Research, 2004, 38 (6): 1542-1549.

[157] WANG S, ZHANG L, YAN B, et al. Molecular and surface interactions between polymer flocculant chitosan-g-polyacrylamide and kaolinite particles: Impact of salinity [J]. Journal of Physical Chemistry C, 2015, 119 (13): 7327-7339.

[158] XIANG, LI, CUI, et al. Molecular weight dependence of synthetic glycopolymers on flocculation and dewatering of fine particles [J]. Langmuir: The ACS Journal of Surfaces and Colloids, 2016, 32 (44): 11615-11622.

[159] XIA Y, XING Y, LI M, et al. Studying interactions between undecane and graphite surfaces by chemical force microscopy and molecular dynamics simulations [J]. Fuel, 2020, 269: 117367.

[160] TAYLOR M L, MORRIS G E, SELF P G, et al. Kinetics of adsorption of high molecular weight anionic polyacrylamide onto kaolinite: the flocculation process. [J]. Journal of Colloid & Interface Science, 2002, 250 (1): 28-36.

[161] ADDAI-MENSAH J, BAL H, YEAP K Y. Polyelectrolyte enhanced flocculation, particle interactions and dewaterability of fine gibbsite dispersions [J]. Asia-Pacific Journal of Chemical Engineering, 2010, 3 (1): 4-12.

[162] OZKAN A, YEKELER M. Coagulation and flocculation characteristics of celestite with different

inorganic salts and polymers [J]. Chemical Engineering & Processing Process Intensification, 2004, 43 (7): 873-879.

[163] SWIFT T, SWANSON L, GEOGHEGAN M, et al. The pH-responsive behaviour of poly (acrylic acid) in aqueous solution is dependent on molar mass [J]. Soft Matter, 2016, 12 (9): 2542-2549.

[164] R. N. WARD, F. B. DAVIES, BAIN C D. Orientation of surfactants adsorbed on a hydrophobic surface [J]. J. Phys. Chem, 1993, (97): 7141-7143.

[165] KÉKICHEFF P, ISS J, FONTAINE P, et al. Direct measurement of lateral correlations under controlled nanoconfinement [J]. Physical Review Letters. 2018, 120 (11): 118001.

[166] RUTLAND M W, PARKER J L. Surface forces between silica surfaces in cationic surfactant solutions: Adsorption and bilayer formation at normal and high pH [J]. Langmuir, 1994, (10): 1110-1121.

[167] PARKER J L, YAMINSKY V V, CLAESSON P M. Surface forces between glass surfaces in cetyltrimethylammonium bromide solutions [J]. The Journal of Physical Chemistry, 1993, 97 (29): 7706-7710.

[168] GÓMEZ-GRAÑA S, HUBERT F, TESTARD F, et al. Surfactant (Bi) layers on gold nanorods [J]. Langmuir, 2012, 28 (2): 1453-1459.

[169] WHITBY C P, SCALES P J, GRIESER F, et al. The adsorption of dodecyltrimethylammonium bromide on mica in aqueous solution studied by X-ray diffraction and atomic force microscopy [J]. J Colloid Interface, 2001, 235 (2): 350-357.

[170] KING, HSI, S., et al. Fourier transform infrared spectroscopic study of the adsorption of cetyltrimethylammonium bromide and cetylpyridinium chloride on silica [J]. 2012, 28 (2): 1453-1459.

[171] SCHÖNHOFF M. NMR studies of sorption and adsorption phenomena in colloidal systems [J]. Current Opinion in Colloid & Interface Science, 2013, 18 (3): 201-213.

[172] DRACH M, ŁAJTAR L, NARKIEWICZ-MICHAŁEK J, et al. Adsorption of cationic surfactants on hydrophilic silica: effects of surface energetic heterogeneity [J]. Colloids and Surfaces A: Physicochemical and Engineering Aspects, 1998, 145 (1/2/3): 243-261.

[173] J. W. ELAM, C. E. NELSON, M. A. CAMERON, et al. Adsorption of $H_2O$ on a single-crystal r-$Al_2O_3$ (0001) surface [J]. J PHYS CHEM A, 1998, (102): 7008-7015.

[174] P. J. ENG, T. P. TRAINOR, G. E. B. JR, et al. Structure of the hydrated a-$Al_2O_3$ (0001) surface [J]. 2000, (288): 1029-1033.

[175] GAO Z, SUN W, HU Y. New insights into the dodecylamine adsorption on scheelite and calcite: An adsorption model [J]. Minerals Engineering, 2015, 79: 54-61.

[176] LONG X, CHEN Y, CHEN J, et al. The effect of water molecules on the thiol collector interaction on the galena (PbS) and sphalerite (ZnS) surfaces: A DFT study [J]. Applied Surface Science, 2016, 389: 103-111.

[177] LONG X, CHEN J, CHEN Y. Adsorption of ethyl xanthate on ZnS (110) surface in the presence of water molecules: A DFT study [J]. Applied Surface Science, 2016, 370 (1):

11-18.

[178] YANG Z, LIU W, ZHANG H, et al. DFT study of the adsorption of 3-chloro-2-hydroxypropyl trimethylammonium chloride on montmorillonite surfaces in solution [J]. Applied Surface Science, 2018, 436: 58-65.

[179] REYES F, LIN Q, CILLIERS J J, et al. Quantifying mineral liberation by particle grade and surface exposure using X-ray microCT [J]. Minerals Engineering, 2018, 125: 75-82.

[180] SILIN D, PATZEK T. Pore space morphology analysis using maximal inscribed spheres [J]. Physica A Statistical Mechanics & Its Applications, 2006, 371 (2): 336-360.

[181] 胡波, 杨圣奇, 徐鹏, 等. 单裂隙砂岩蠕变模型参数时间尺度效应及颗粒流数值模拟研究 [J]. 岩土工程学报, 2019, 41 (5): 864-873.

[182] 姚玉相, 李盛, 何川, 等. 砂堆底部压力特性室内实验和 PFC2D 数值模拟分析 [J]. 工程地质学报, 2019, 027 (6): 1281-1289.

[183] 王连庆, 高谦, 王建国, 等. 自然崩落采矿法的颗粒流数值模拟 [J]. 工程科学学报, 2007, 29 (6): 557-561.

[184] 田瑞霞, 焦红光. 离散元软件 PFC 在矿业工程中的应用现状及分析 [J]. 矿冶, 2011 (1): 79-82.

[185] 宋晶. 分级真空预压法加固高黏性吹填土的模拟试验与三维颗粒流数值分析 [D]. 长春: 吉林大学, 2011.